Klaus-Peter Bredschneider · Canon EOS 650

KLAUS-PETER BREDSCHNEIDER

CANON EOS 650

G + G URBAN VERLAG · MÜNCHEN · 1988

Printed in West Germany.
© 1987/1988 G + G Urban Verlag GmbH, München.
Alle Rechte – auch die des auszugsweisen Nachdrucks und der Übersetzung –
vorbehalten. Ohne ausdrückliche Genehmigung des Verlages ist es auch nicht
gestattet, das Buch oder Teile daraus in irgendeiner Form zu vervielfältigen,
zu speichern, zu verwerten und zu verbreiten.
Die Bezeichnung fotomagazin-buch erfolgt mit Genehmigung der Ringier-Verlag
GmbH.
Textdatenerfassung auf einem Apple-Macintosh-Computer.
Umschlaggestaltung und Layout: Grit Urban.
Druck: Courier Druckhaus Ingolstadt.

Liebe Leserin, lieber Leser,

lassen Sie mich kurz erklären, wie ich Sie mir vorstelle. Ich kann mir zum Beispiel vorstellen, daß Sie möglichst unkompliziert und bequem einfach gut fotografieren wollen. Die EOS ist nämlich zunächst eine kompromißlos unkomplizierte Kamera. Wenn Sie wollen, können Sie nur auslösen, und die EOS macht mit Ihnen automatisch richtig belichtete und scharfe Fotos. Ich muß Sie aber darauf aufmerksam machen, daß das für Sie keine Dauerlösung sein kann. Mit der EOS können Sie mehr. Sehr viel mehr sogar. Das werde ich Ihnen in diesem Buch zeigen. Ich kann Sie mir aber auch als engagierten Hobbyfotografen mit Spiegelreflex-Erfahrung vorstellen. Die EOS ist nämlich auch eine kompromißlose Perfektionistenkamera. Was immer Sie sich fotografisch wünschen, die EOS erfüllt Ihnen diesen Wunsch. Dennoch muß ich Sie darauf aufmerksam machen, daß die EOS Möglichkeiten und Raffinessen hat, die Sie nicht sofort entdecken. Ich beschreibe deshalb in diesem Buch ausführlich, wie Sie das Leistungsvermögen der EOS voll nutzen können.

Schließlich kann ich Sie mir auch gut als Technik-Fan vorstellen. Die EOS ist nämlich auch eine kompromißlose „High-Tech"-Kamera. Sie wollen wissen, wie ihr „Power Eye" genau funktioniert, warum ihre Mehrfeldmessung überlegen ist und, und . . . Ich werde deshalb in diesem Buch auch schildern, wie die EOS funktioniert, wie ihr Computerinnenleben abläuft.

So unterschiedlich stelle ich mir also Ihre Voraussetzungen und Erwartungen vor. Und so habe ich auch das Buch gegliedert: Da erkläre ich Ihnen zum Beispiel erst einmal gründlich, was Sie mit den Verschlußzeiten- und Blendeneinstellungen der EOS überhaupt bewirken. Dann erst sind die darauf basierenden Betriebsarten der EOS an der Reihe. Und wenn Sie sich dafür interessieren, wie die Elektronik das alles steuert, können Sie das im separaten Technik-Teil nachlesen. Alles also da, wo es hingehört. Damit Sie sich in diesem Buch möglichst schnell zurechtfinden, damit Sie so die EOS möglichst schnell beherrschen und in Ihrem Interesse nutzen lernen.

Ihr Klaus-Peter Bredschneider

Inhaltsverzeichnis

Die Zwischentitel ohne Seitenangabe
sind Stichworte und müssen
nicht den Zwischentiteln im Text
entsprechen

II. Teil   Filmtransport und Filmeigenschaften   46

III. Teil   Die Belichtung messen   64

11

Mit der EOS in fünf Minuten fotografieren lernen

Bereits im Vorwort habe ich die EOS als universelle Kamera angekündigt, die perfekt auf Ihre Wünsche und Vorstellungen eingeht. Sie haben die Wahl: Wollen Sie eine vollautomatische EOS, die Ihnen sämtliche Entscheidungen abnimmt, ja Ihnen nicht einmal eine Chance läßt, etwas falsch einzustellen – oder wollen Sie eine raffinierte EOS, die Ihnen alle Möglichkeiten anbietet, kreativ einzugreifen? Sie entscheiden allein durch die Position des Hauptschalters. Zunächst zeige ich Ihnen, wie einfach und unkompliziert Sie mit der EOS sofort fotografieren können, wenn Sie sich für ihre Vollautomatik-Position entscheiden.

Sie können mit der EOS ohne Vorkenntnisse, ohne Bedienungsanleitung und auch ohne große Vorrede sofort fotografieren. Drehen Sie dazu den Hauptschalter (den auffällig gerändelten Knopf links neben dem Sucherokular) ganz nach links, so daß das grüne Rechteck (die Vollautomatik-Position) der weißen Strichmarkierung gegenübersteht. Damit haben Sie sich für die vollautomatische EOS entschieden und gegen die Knöpfchen und Schalter, die Sie auf der Gehäuseoberfläche sehen können. Sie können Sie nicht einmal versehentlich drücken oder verstellen, weil sie in der Vollautomatik-Position „lahmgelegt" sind.

Das alles erledigt die EOS in der Vollautomatik-Position für Sie:

☐ **Die Belichtung** – Die Programmautomatik (im Gehäusemonitor steht deshalb ein „P") entscheidet sich automatisch für eine auch zur Objektiv-Brennweite passenden Zeit-Blenden-Kombination. Sobald Sie den Auslöser leicht andrücken, erscheinen im Monitor und in der Sucheranzeige der aktuelle Verschlußzeit- und Blendenwert.

☐ **Die Schärfe** – Die Schärfenautomatik (Autofokus) stellt das Objektiv automatisch scharf, wenn Sie den Auslöser leicht andrükken. Die EOS ist in der Vollautomatik-Position auf Schärfepriorität programmiert (und läßt sich deshalb erst auslösen, nachdem sie scharf gestellt hat). Canon nennt diese Autofokus-Betriebsart „One Shot" (das demzufolge im Gehäusemonitor steht). Sobald sie scharf gestellt hat, erscheint in der Sucheranzeige ein grüner Punkt, und Sie hören einen kurzen Piepton.

☐ **Den Filmtransport** – Die Transportautomatik transportiert nach jeder Aufnahme den Film automatisch weiter und spult ihn am Filmende automatisch in die Patrone zurück. Nach jeder Aufnahme müssen Sie den Auslöser kurz loslassen, denn die EOS ist in der Vollautomatik-Position auf Einzelbildschaltung programmiert (und läßt sich deshalb immer nur einmal auslösen). Canon nennt diese Filmtransport-Betriebsart „Single" (im Gehäusemonitor steht dafür ein „S").

☐ **Die Filmempfindlichkeit** – Die Empfindlichkeitsautomatik tastet automatisch die bei DX-codierten Filmen auf der Patronenoberfläche verschlüsselte Filmempfindlichkeit ab. Die führenden Filmhersteller bieten nur noch DX-codierte Filme an („DX"-Zeichen auf der Filmpackung und der Patrone).

Und nur darauf müssen Sie in der Vollautomatik-Position achten:

☐ Daß der **Autofokus-Schalter** am Objektiv auf „AF" steht (weil sonst der Steuermonitor abgeschaltet ist und das Objektiv nicht in Schärfeposition fahren kann).

☐ Auf die optischen und akustischen **Warnanzeigen.**

Für die Belichtung: Reicht das Licht nicht für eine verwacklungsfreie Aufnahme aus der Hand (Blitz oder Stativ benutzen), so warnt die EOS mit kurzen, schrillen Pieptönen. Wird der Einstellbereich von Verschlußzeit und Blende dagegen (was sehr selten der Fall ist) bei zuviel Licht überschritten (Graufilter oder Film mit geringerer Empfindlichkeit benutzen), so blinken die Zeit-/Blenden-Angaben im Display und in der Sucheranzeige.

Für die Schärfe: Wenn der Autofokus die Entfernung ausnahmsweise nicht einstellen kann (wann das der Fall sein kann und was Sie dann machen müssen, erfahren Sie unter „Scharfstellen mit der EOS"), fängt der grüne Punkt in der Sucheranzeige an zu blinken. Der Steuermotor durchfährt dann den Einstellbereich vergeblich und stoppt (daß diese Entfernungseinstellung nicht stimmen kann, sehen Sie auch am dann unscharfen Sucherbild).

Für den Filmtransport: Wenn Sie den Film nicht richtig eingelegt haben und die EOS deshalb den Filmvorspann nicht erfassen und automatisch zum ersten Bild vortransportieren kann, blinken im Display die drei Balken der Filmtransport-Anzeige. Zur Sicherheit verriegelt die EOS auch sofort den Auslöser, wenn sie den Film nicht korrekt transportieren kann. Öffnen Sie dann die Rückwand nochmals, und richten Sie den Filmvorspann exakt an der orangefarbenen Markierung der Filmbühne aus.

Für die Filmempfindlichkeit: Während bei DX-codierten Filmen die automatisch abgetastete Empfindlichkeit nur kurz als ISO-Wert im Display bestätigt wird (und sofort wieder verschwindet), blinkt bei nichtcodierten Patronenoberflächen im Display fortwährend ein ISO-Wert (der sich auf den zuvor verwendeten Film bezieht und deshalb nicht stimmen muß). Wie Sie in diesem Ausnahmefall vorgehen, erfahren Sie unter „Filmempfindlichkeit einstellen".

In der Vollautomatik-Position sorgt die EOS also nicht nur automatisch für richtig belichtete und scharfe Fotos, sondern auch automatisch für die „richtigen" Betriebsarten (nämlich diejenigen, die sich für die Mehrzahl aller Aufnahmesituationen am besten bewährt haben). Sie ist dann grundsätzlich auf Programmautomatik, Schärfepriorität („One Shot") und Einzelbildschaltung („Single") programmiert – und läßt auch keine anderen Betriebsarten zu. Auch die akustischen Signale (Schärfebestätigung und Warnung vor Verwacklungsgefahr) können Sie in der Vollautomatik-Position nicht abstellen. Daß ich Sie dennoch ausführlich auf mögliche „Gefahrenquellen" aufmerksam gemacht habe, sollten Sie nicht überbewerten – sie treten sehr selten auf und spielen im Normalfall keine Rolle.

Sie müssen die EOS in der Vollautomatik-Position nur noch ans Auge nehmen, mit dem Sucherbild den gewünschten Motivbereich erfassen und den Auslöser durchdrücken. Die EOS ist mit ihrem Handgriff und ihrem griffig geformten Rückteil, das dem Daumen zusätzlichen Halt bietet, so bedienerfreundlich (ergonomisch) gestaltet, daß Sie sie automatisch richtig halten (und Ihr Zeigefinger unwillkürlich direkt auf dem Auslöser landet). Sie sollten sie lediglich auch mit der linken Hand (dabei umspannen Sie am besten das Objektiv mit den Fingern) abstützen, weil Sie so ruhiger (mit geringerer Verwacklungsgefahr) auslösen können.

Natürlich muß sich Ihr Hauptmotiv (die Motivpartie, die unbedingt scharf sein soll) keineswegs in der Bildmitte befinden. Um trotzdem auf das Hauptmotiv scharf zu stellen (das damit auch für die Belichtung vorrangig berücksichtigt wird), visieren Sie es zunächst mit dem Autofokus-Meßfeld an (das von den beiden Klammern in der Sucherbildmitte markiert wird). Jetzt erst tippen Sie den Auslöser leicht an (dadurch speichern Sie den soeben ermittelten Entfernungs- und Belichtungswert), bestimmen mit leicht gedrücktem Auslöser endgültig den gewünschten Bildausschnitt und lösen aus. So gehen Sie übrigens grundsätzlich vor, wenn Sie mit Schärfepriorität fotografieren (also auch dann, wenn Sie sich in den anderen Hauptschalter-Positionen für die Autofokus-Betriebsart „One Shot" entscheiden).

Abschließend zur Vollautomatik-Position: Obwohl diese Stellung so wunderbar unkompliziert ist, ist sie keineswegs nur für den Anfang oder nur für Anfänger gedacht. Solange Sie mit den hier vorgegebenen Betriebsarten Ihre Aufnahmeziele erreichen (und das wird gar nicht so selten der Fall sein), gibt es keinen vernünftigen Grund, die Vollautomatik-Position zu verlassen. Daß sie für Schnappschüsse geradezu prädestiniert ist, versteht sich von selbst.

Kleines Lexikon der EOS-Fachbegriffe

Die wichtigsten Begriffe und Bezeichnungen zur EOS finden Sie hier gleich zu Beginn stichwortartig erklärt. Begriffe, auf die Sie ständig stoßen, wenn Sie mit der EOS fotografieren (und die Ihnen deshalb auch in diesem Buch immer wieder begegnen werden). Es sind ausschließlich Begriffe, die „typisch" sind für die EOS, die damit auch gleichzeitig einen ersten Eindruck von ihren Funktionen und ihrem Leistungsvermögen vermitteln.

A-TTL
Blitztechnik der EOS, die auf der Blitzlichtmessung durch das Objektiv (TTL) basiert, zusätzlich aber die Entfernung über einen Vorblitz ermittelt und das vorhandene Licht mitverarbeitet (das „A" steht deshalb für „Advanced", also weiterentwickelt).

Autofokus
Scharfstell- oder Schärfenautomatik. Mißt automatisch den Aufnahmeabstand und stellt das Objektiv sofort automatisch auf diese Entfernung scharf.

Blendenautomatik („Tv")
Belichtungsbetriebsart, in der die EOS zu einer vorgewählten Verschlußzeit automatisch die Blende steuert (Belichtungs-Halbautomatik mit Zeitvorwahl).

Continuous („C")
Filmtransportbetriebsart, in der die EOS bei gedrückt gehaltenem Auslöser kontinuierlich Bild für Bild belichtet (Serienschaltung oder auch Dauerlauf). Maximal belichtet sie so drei Bilder pro Sekunde.

Depth
Betriebsart, in der die EOS die Entfernungseinstellung und die Belichtung (nach Eingabe von zwei Entfernungswerten) automatisch so steuert, daß der dazwischenliegende Bereich scharf abgebildet wird (sogenannte Schärfentiefeautomatik). Depth ist damit Autofokus- wie Belichtungsbetriebsart.

Display

Anzeigenfeld auf dem Gehäuse der EOS (Gehäuse-Display), das umfassend über aktivierte Funktionen und aktuelle Belichtungswerte informiert. Übernimmt auch durch seine Warnanzeigen eine wichtige Kontrollfunktion. Auch das Speedlite 420 EZ hat ein Gehäuse-Display.

DX-Code

Bei DX-codierten Filmen ist die Empfindlichkeit auf der Patronenoberfläche in Form blanker und schwarzer Felder verschlüsselt. Die EOS tastet dieses Muster ab, so daß die Filmempfindlichkeit nicht manuell eingestellt werden muß.

EOS

Abkürzung für „Elektro-Optisches System". Das EOS-Kamerasystem wird vollelektronisch gesteuert und verzichtet soweit als möglich auf traditionelle Mechanik.

Exposure Compensation („EXP. COMP")

Belichtungskorrektur für eine absichtlich zu reichliche (Pluskorrektur) oder knappe (Minuskorrektur) Belichtung durch Vorgabe eines Korrekturfaktors.

„Intelligente" Programmautomatik („P")

Belichtungsbetriebsart, in der die EOS (nach einem vorgegebenen Programmverlauf) automatisch Verschlußzeit und Blende steuert (Belichtungsvollautomatik). Den Programmverlauf paßt sie automatisch der Objektivbrennweite an – deshalb bezeichnet sie Canon auch als „intelligent".

ISO

Kürzel für „International Standards Organization". International übliches Maßsystem für die Filmempfindlichkeit, das auch die EOS verwendet.

Manuelle Nachführmessung („M")

Die einzige Belichtungsbetriebsart, in der die EOS nicht automatisch richtig belichtet. Verschlußzeit und Blende können entweder beliebig eingestellt werden, die Blende kann aber auch nach Vorgabe ces Belichtungsmessers auf die Verschlußzeit abgestimmt werden (Nachführmessung).

Mehrfeldmessung

Basismeßsystem der EOS, das die Helligkeit in sechs separaten Meßfeldern ermittelt, diese Meßwerte elektronisch auswertet und so auch bei hohen Motivkontrasten automatisch gute Belichtungsergebnisse verspricht.

Meßwertspeicher

Speichert den gemessenen Belichtungswert und erlaubt so eine nachträgliche Veränderung des Bildausschnitts. Auch mit einer zusätzlichen Veränderung der Zeit-Blenden-Kombination, weil die EOS nicht diese Belichtungsdaten, sondern nur die gemessene Helligkeit speichert (Lichtwertspeicher).

MODE

Sammelbezeichnung für Belichtungsbetriebsarten für die unterschiedlichen Möglichkeiten, die Belichtung vollautomatisch (Programmautomatik), halbautomatisch (Blenden- oder Zeitautomatik) oder manuell (Nachführmessung) zu steuern. Oftmals werden (etwas irreführend) sämtliche Belichtungsbetriebsarten als Programme bezeichnet.

ONE SHOT

Autofokus-Betriebsart, in der die EOS den ermittelten Entfernungswert speichert. Sie läßt sich bei „ONE SHOT" erst auslösen, nachdem sie scharf gestellt hat (Schärfepriorität).

Selektivmessung

Per Knopfdruck abrufbares Meßsystem der EOS, das die Helligkeit nur innerhalb eines zentralen (im Sucher markierten) Meßkreises ermittelt und so ein genaues Anmessen der für die Belichtung wichtigsten Motivpartie erlaubt.

SERVO

Autofokus-Betriebsart, in der die EOS die Entfernungseinstellung wechselnder Motiventfernung automatisch anpaßt (die Schärfe nachführt). Sie läßt sich bei „SERVO" stets auslösen – selbst wenn sie noch nicht scharf gestellt hat (Auslösepriorität).

Single („S")

Filmtransportbetriebsart, in der die EOS nach jeder Aufnahme zwar den Film sofort weitertransportiert (und den Verschluß spannt), sich mit jedem Auslösedruck aber nur einmal auslösen läßt (Einzelbildschaltung).

TTL-Messung

Kürzel für „Through The Lens" – die Belichtung wird direkt durch das Aufnahmeobjektiv gemessen. Die TTL-Messung ist sehr zuverlässig, weil sämtliche Faktoren (Brennweite, Entfernung usw.) automatisch mit in den Meßvorgang einfließen. Die EOS hat TTL-Messung für das vorhandene Licht und für das Blitzlicht.

Zeitautomatik („Av")

Belichtungsbetriebsart, in der die EOS zu einer vorgewählten Blende automatisch die Verschlußzeit stufenlos einsteuert (Belichtungs-Halbautomatik mit Blendenvorwahl).

Zoomreflektor

Blitzreflektor (der EOS-Systemblitzgeräte) mit variablem Leuchtwinkel. Je enger der Leuchtwinkel, desto höher die Leitzahl und damit die Blitzleistung. Die EOS stimmt den Blitzleuchtwinkel automatisch auf die Objektivbrennweite (und damit auf den Bildwinkel) ab.

Die Bedienungselemente auf einen Blick

Elektronik-Einstellrad: Zentrale Eingabe aller Betriebsarten und Einstellwerte

„MODE"-Taste: Vorwahl der Belichtungsbetriebsart („P", „Tv", „Av", „M" oder „Depth")

Auslöser: Erste Stufe für Autofokus und Belichtung, zweite zum Auslösen

Gehäuse-Display: Informiert über aktivierte Funktionen und Einstellwerte

„EXP. COMP"-Taste: Vorwahl des Belichtungskorrektur-Faktors

Blendeneinstelltaste: Zur Blendeneingabe bei manueller Belichtung

Abblendtaste: Schließt die Objektivblende auf den aktuellen Wert

Hauptschalter: Auslösersperre („L") und Vorwahl der Kamera-Funktion

Blitz-Aufsteckschuh: Mit insgesamt fünf Kontakten für Systemblitzgeräte

Selektivmeßtaste: Aktiviert die Selektivmessung und speichert gleichzeitig den Selektivmeßwert

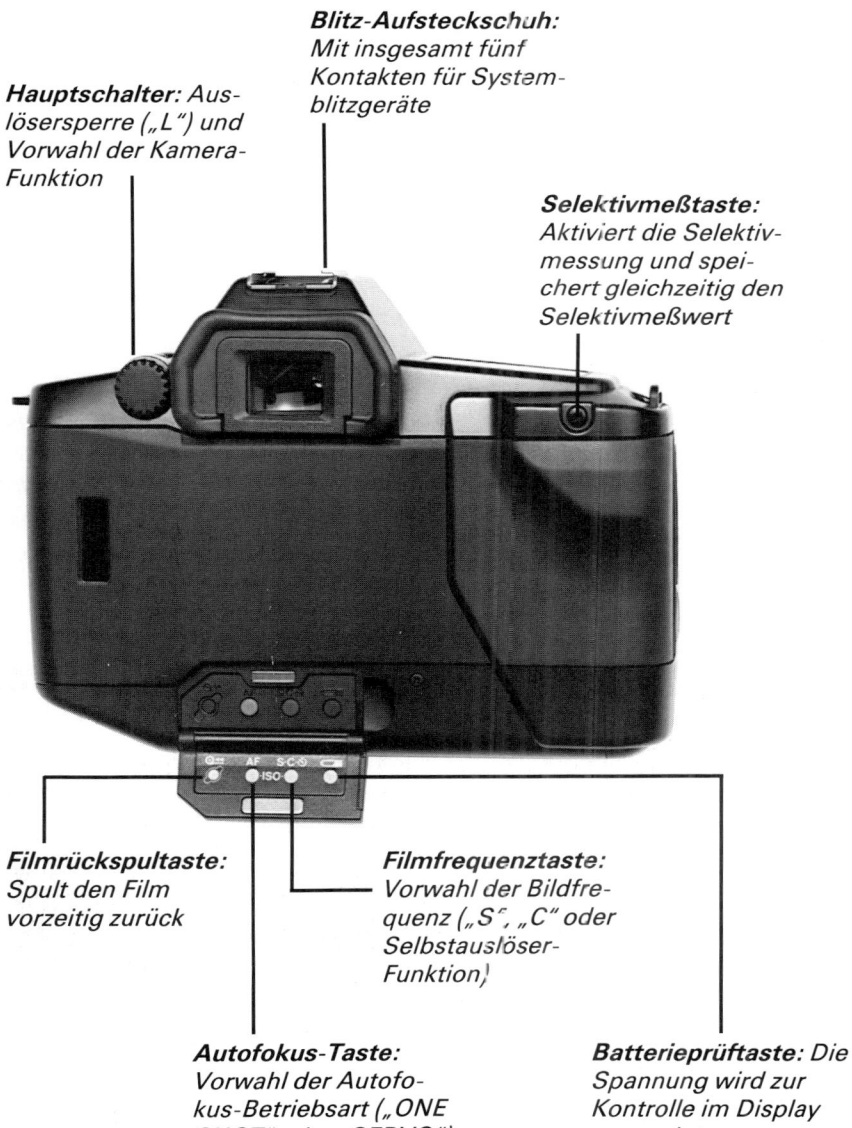

Filmrückspultaste: Spult den Film vorzeitig zurück

Filmfrequenztaste: Vorwahl der Bildfrequenz („S", „C" oder Selbstauslöser-Funktion)

Autofokus-Taste: Vorwahl der Autofokus-Betriebsart („ONE SHOT" oder „SERVO")

Batterieprüftaste: Die Spannung wird zur Kontrolle im Display angezeigt

I. Teil

Die Bedienung der EOS

Wenn Sie alle Möglichkeiten ausschöpfen wollen, die Ihnen die EOS bietet, müssen Sie ihre Bedienungselemente und Anzeigen genau kennen. Nicht nur ihre Grundfunktionen, sondern auch wissen, welche Funktionsverknüpfungen und auch Funktionsänderungen sich aus ihrem Zusammenspiel ergeben. In diesem Teil wird die EOS also zunächst grundlegend anhand ihrer Bedienungselemente erklärt.

Sie müssen aber auch wissen, welche Gehäuseteile der EOS Sie abnehmen und durch Spezialversionen ersetzen können. Mit diesem Wechselzubehör (Handgriffe, Rückwände, Sucherscheiben, Korrekturlinsen) spezialisieren Sie die EOS nämlich jeweils für ganz bestimmte Aufgabenstellungen. In diesem Teil geht es also auch um diese Möglichkeit – wie Sie sie am besten nutzen und was Sie dabei beachten müssen.

1. Bedienungselemente und Anzeigen

Die vier Positionen des Hauptschalters

Der Hauptschalter (der auffällig gerändelte Knopf links neben dem Sucherokular) rastet (wenn Sie ihn drehen) in vier unterschiedlichen Positionen ein.

In der *Position „L"* („LOCK" für geschlossen) ist die EOS ausgeschaltet. Die Sucheranzeigen und die Angaben im Gehäuse-Display sind gelöscht – nur das Patronensymbol, die Filmtransportbalken und die Bildzählwerkangabe bleiben immer im Display stehen, wenn Sie einen Film eingelegt haben. Sie können in der Position „L" nicht mehr auslösen oder Daten eingeben. Sie verhindert also unabsichtliches Auslösen und ist deshalb vornehmlich eine Auslösesperre. Der Stromverbrauch für die bei eingeschalteter Kamera zusätzlich permanent erscheinenden Display-Anzeigen ist dagegen bedeutungslos.

Hauptschalter auf „A":
Universelle Position für
sämtliche Funktionen
und Betriebsarten –
allerdings ohne Ton-
signale

In der *Vollautomatik-Position* (grünes Rechteck) ist die EOS auf Programmautomatik („P"), Einzelbildschaltung („S") und Schärfepriorität („ONE SHOT") programmiert. Andere Betriebsarten sind in dieser Position nicht möglich. Mit Ausnahme des Auslösers, der Batterieprüftaste und der Filmrückspultaste sind sämtliche Tasten deaktiviert – Sie können keine weiteren Eingaben machen und so nicht einmal die Filmempfindlichkeit manuell einstellen. Wenn Sie nicht-DX-codierte Filme in der Vollautomatik-Position benutzen wollen, müssen Sie für die manuelle Eingabe der Filmempfindlichkeit kurz auf die Position „A" umschalten. Die Tonsignale können Sie in der Vollautomatik-Position nicht abschalten: Ein kurzer Signalton dient als Schärfebestätigung, ein langer Signalton zeigt Verwacklungsgefahr an.

Die *Position „A"* und die *„Tonsignal"-Position* („« · »") unterscheiden sich nur dadurch, daß bei „A" die Tonsignale entfallen (die ansonsten bis auf die in der Belichtungsbetriebsart „Tv" fehlende Verwacklungswarnung mit denen der Vollautomatik-Position übereinstimmen). Funktionsmäßig ist es deshalb gleich, welche Position Sie vorziehen. Es sind jeweils sämtliche Betriebsarten und Eingaben möglich – in diesen beiden Positionen können Sie somit alle Möglichkeiten nutzen, die Ihnen die EOS bietet.

Die Einstellwerte bleiben auch erhalten, wenn Sie den Hauptschalter zwischendurch auf „L" und dann wieder zurück stellen. Wenn Sie dagegen in die Vollautomatik-Position wechseln, um anschließend wieder in die Positionen „A" oder „Tonsignal" zurückzukehren, übernehmen Sie automatisch die Grundeinstellung der Automatik-Position mit – umgekehrt können Sie so natürlich auch vorgehen, wenn Sie Ihre individuellen Vorgaben in diesen beiden Positionen möglichst schnell und umfassend wieder löschen wollen.

Die zwei Stufen des Auslösers

Der Auslöser vorne auf dem Handgriff hat zwei Stufen („Switch 1"
und „Switch 2").

„Switch 1": Bereits durch leichtes Andrücken aktivieren Sie den
Autofokus und die Belichtungsmessung. Die Sucher- und Monitor-
anzeigen erscheinen gleichzeitig und bleiben – wenn Sie den Finger
wieder vom Auslöser nehmen – für acht Sekunden stehen. In der
Autofokus-Betriebsart „ONE SHOT" fungiert „Switch 1" gleichzeitig
als Meßwertspeicher: Solange Sie den Auslöser angedrückt halten,
speichern Sie gleichzeitig den Entfernungs- und Belichtungswert.
In der Autofokus-Betriebsart „SERVO" und bei abgeschaltetem
Autofokus verliert „Switch 1" dagegen die Meßwertspeicher-Funktion – und zwar nicht nur für den Entfernungs-, sondern auch für den
Belichtungswert (Ausnahme: Ein über die Selektivmeßtaste einge-
gebener Meßwert läßt sich weiterhin speichern). Die Filmtransportbetriebsart („S", „C" oder Selbstauslöser) hat dagegen keinen
Einfluß auf die Speicherfunktion.

Elektronik-Einstellrad
direkt hinter dem
Auslöser für bequeme
Dateneingabe mit dem
Zeigefinger

„Switch 2": Erst wenn Sie den Auslöser ganz durchdrücken, lösen
Sie aus. In der Autofokus-Betriebsart „SERVO" können Sie jederzeit auslösen, bei „ONE SHOT" dagegen erst, nachdem der Autofokus die Schärfe eingestellt hat.

26

Bei Einzelbildschaltung („S") müssen Sie für jede weitere Belichtung den Auslöser kurz ganz loslassen, bei Dauerlauf („C") löst die EOS dagegen kontinuierlich aus, solange Sie den Auslöser durchgedrückt halten. In der Selbstauslöser-Stellung (Uhrsymbol) erfolgt die Belichtung mit zehn Sekunden Verzögerung.

Das Elektronik-Einstellrad zur Dateneingabe

Das Elektronik-Einstellrad steht im Mittelpunkt der EOS-Bedienung. Sämtliche Einstellungen und Änderungen können Sie schnell und bequem über das Elektronik-Einstellrad eingeben. Es liegt direkt hinter dem Auslöser, so daß Sie es zur Dateneingabe mühelos mit dem Zeigefinger drehen können. Die Dateneingabe erfolgt vornehmlich im Zusammenspiel mit den Funktionstasten – der Kontrolle dienen entweder die Monitor- oder Sucheranzeigen.

Die Belichtungsfunktionstaste („MODE"), die Belichtungskorrekturtaste („EXP. COMP") und auch die Blendeneinstelltaste („M") müssen Sie gedrückt halten, während Sie den Einstellwert über das Einstellrad eingeben. Bei den (unter der Gehäuseklappe verborgenen) Funktionstasten für den Autofokus und den Filmtransport genügt dagegen ein kurzes Antippen. Sie können die Klappe gleich wieder schließen, denn Sie haben dann acht Sekunden Zeit, um den gewünschten Wert einzustellen (bzw. um die Filmempfindlichkeit manuell einzugeben, wenn Sie beide Tasten gleichzeitig angetippt haben). Bei diesen Funktionstasten können Sie (mit Ausnahme der Blendeneinstelltaste) die Eingabe nur über den Gehäusemonitor kontrollieren – die Sucheranzeigen sind gleichzeitig abgeschaltet. Ohne das Zusammenspiel mit den Funktionstasten können Sie nur in den Belichtungsbetriebsarten Blendenautomatik („Tv"), Zeitautomatik („Av") und der manuellen Nachführmessung („M") die entsprechenden Belichtungswerte über das Einstellrad vorgeben. Sie können dann die Eingabe im Display und in den Sucheranzeigen verfolgen.

Das Gehäuse-Display als Informationszentrum

Das Gehäuse-Display auf der Kamera informiert Sie umfassend über aktivierte Funktionen und aktuelle Einstellwerte – und übernimmt durch seine Warnanzeigen eine wichtige Kontrollfunktion.

Display-Anzeige der Betriebsarten und der abrufbaren Belichtungsdaten – Blende 1,8 und ¼ Sekunde als Verschlußzeit

Die Display-Informationen bei ausgeschalteter Kamera

Das Patronensymbol im Display zeigt an, daß sich ein Film in der Patronenkammer befindet. Bei korrekt eingelegtem Film erscheinen zusätzlich drei Filmtransportbalken, und der aktuelle Bildzählwerkstand wird (in dem durch die beiden Klammern markierten Feld) angezeigt.

Die Display-Informationen bei eingeschalteter Kamera

Sobald Sie die EOS (über den Hauptschalter) einschalten, werden im Display zusätzlich die eingestellten Betriebsarten in ihren deutlich markierten Bereichen angetippt: die Belichtungsbetriebsart („M", „P", „Tv", „Av" oder „Depth") über dem durchgehenden Querstrich, die Autofokus-Betriebsart („ONE SHOT", „SERVO" oder „M. FOCUS") im rot umrahmten Feld und die Filmtransportbetriebsart („S", „C" oder das Uhrsymbol für die Selbstauslöser-Funktion) im ganz rechts markierten Feld. Durch diese Feldermarkierung wird die zentrale Funktion dieser Einstellwerte auch optisch betont. Je nach vorgewählter Belichtungsbetriebsart erscheinen zusätzlich die vorgewählten Belichtungsdaten: bei Blendenautomatik („Tv") der vorgewählte Verschlußzeitenwert, bei Zeitautomatik („Av") der Blendenwert, bei manueller Einstellung („M") entsprechend Zeit-

und Blendenwert. Falls ein Korrekturwert eingegeben wurde, erscheint auch die Belichtungskorrektur-Anzeige („±"-Zeichen). Zusätzlich warnt Sie die EOS auch sofort mit dem Einschalten, wenn sie die Filmempfindlichkeit nicht ablesen (blinkender ISO-Wert) oder den Film nicht transportieren kann (blinkende Transportbalken).

Die abrufbaren Display-Informationen zur Belichtung

In der „Switch 1"-Stufe des Auslösers erscheinen zusätzlich die aktuell gebildeten Belichtungsdaten (die sich mit veränderten Lichtverhältnissen laufend ändern): bei Programmautomatik („P") Zeit und Blende, bei „Tv" der Blendenwert, bei „Av" der Verschlußzeitenwert. Blinkende Belichtungsdaten signalisieren ein Überschreiten des Einstellbereichs und warren damit vor Unter- oder Überbelichtung: Bei „P" blinken beide Werte, bei „Tv" blinkt entsprechend der Blendenwert, bei „Av" der Verschlußzeitenwert. Blinkende Display-Anzeigen signalisieren also niemals lediglich Verwacklungs-, sondern immer Fehlbelichtungsgefahr (!). Vor Verwacklung warnt die EOS nur akustisch. Den eingegebenen Korrekturfaktor der Belichtungskorrektur können Sie jederzeit durch Drücken der „EXP. COMP"-Taste abrufen.
Bei „Depth" zeigt die EOS vorläufig keine Belichtungsdaten an, weil sie diese funktionsbedingt erst nach zwei „Switch 1"-Entfernungseingaben (Anzeige: „dEP 1" und „dEP 2") berechnen, steuern (und anzeigen) kann. Erst wenn Sie den Auslöser ein drittesmal andrücken, erscheinen die aktuell errechneten Belichtungsdaten. Blinkt die Blendenanzeige, so kann die EOS den gewünschten Schärfentiefenbereich zwar nicht realisieren, wird aber dennoch korrekt belichten.

Die wechselnden Display-Informationen

Das Bildzählwerk zählt nicht die Anzahl der bereits belichteten Aufnahmen, sondern immer die nächste, aktuell anstehende Belichtung. In der Selbstauslöser-Funktion muß das Bildzählwerk vorübergehend der „countdown"-Anzeige der bis zur Belichtung noch verbleibenden Sekunden weichen (und bei Langzeitbelichtungen in der „bulb"-Funktion der Anzeige der aktuellen Belichtungsdauer). Die Filmtransportbalken dienen vorübergehend (während die Batterieprüftaste gedrückt wird) der Batteriekontrolle.

Die Sucherinformationen zur Aufnahmekontrolle

Beim Blick in den Sucher der EOS sehen Sie zunächst nur die helle *Einstellscheibe* mit zwei markierten Feldern: dem zentralen Autofokus-Meßfeld (das durch die beiden Klammern begrenzt wird) und dem größeren, kreisrunden Selektivmeßfeld. Es gibt sechs weitere Wechsel-Einstellscheiben (mit abweichenden Markierungen), die Sie gegen die serienmäßige austauschen können.
Erst wenn Sie den Auslöser leicht andrücken, aktivieren Sie unter der Einstellscheibe die (stets zusätzlich beleuchteten) *Sucheranzeigen.* Auch wenn Sie den Finger wieder vom Auslöser nehmen, bleiben die Anzeigen acht Sekunden lang stehen. Sie beschränken sich auf die aktuell benötigten Aufnahmedaten (das sind vor allem Belichtungs- und Autofokus-Werte), wollen also keineswegs mit dem umfassenden Informationsangebot des Gehäuse-Displays konkurrieren. Bei ausgeschalteter Kamera lassen sich die Sucheranzeigen natürlich nicht aktivieren.

Die Sucheranzeigen zur Belichtung

Wenn Sie keinen Betriebsartenhinweis sehen, können Sie zuverlässig auf eine der Automatikbetriebsarten („P", „Tv" und „Av") rückschließen. Nur bei manueller Einstellung macht Sie die EOS über die Sucheranzeigen (ganz links erscheint dann ein „M") zusätzlich darauf aufmerksam, daß sie nun nicht automatisch richtig belichtet. Die „Depth"-Anzeigen weichen völlig vom Schema ab und werden nachfolgend beschrieben.
Annähernd identisch sind die Sucheranzeigen für die Betriebsarten „P", „Tv" und „Av". Im Anzeigenfeld unter der Einstellscheibe erscheinen jeweils links der Verschlußzeiten- und rechts der Blendenwert. Dabei ist zunächst nicht erkennbar, ob es sich um vorgewählte Werte (wie die Verschlußzeit bei „Tv" oder die Blende bei „Av") oder automatisch gebildete Werte (wie bei „P") handelt. Erst wenn diese Anzeigen vor Unter- oder Überbelichtung warnen,

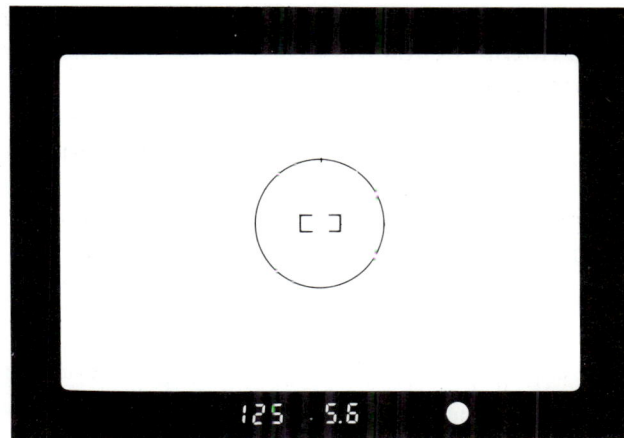

*In den Sucheran-
zeigen unter der
Einstellscheibe er-
scheinen bei „P",
„Tv" und „Av" im-
mer Verschlußzeit
und Blende*

unterscheidet die EOS: Dann blinken nämlich nur jeweils die Auto-
matikwerte. Bei „P" also beide, bei „Tv" nur der rechte Blendenwert,
bei „Av" nur der linke Zeitwert.
Folgende Sucheranzeigen sehen Sie bei manueller Einstellung (neben dem „M"): zunächst Verschlußzeit und Blende in der gewohnten Anordnung. Nur wenn Sie die Blendeneinstelltaste (vorne links
am Gehäuse) gedrückt halten, erscheint anstelle der Verschlußzeit
der Abgleichwert für die Blende („CL", „oo" oder „OP"). So können
Sie die Blende zur vorgewählten Verschlußzeit „nachführen" (deshalb heißt diese manuelle Einstellmethode Nachführmessung). Der
Abgleichwert „oo" signalisiert richtige Belichtung, bei „CL" (Close)
müssen Sie die Blende über das Einstellrad weiter schließen, bei
„OP" (Open) weiter öffnen.
Völlig anders müssen die Anzeigen bei „Depth" aussehen: Die Eingabe der beiden Entfernungswerte (Sie können dabei den Auslöser
ruhig fest durchdrücken) bestätigt die EOS über die Sucheranzeigen „dEP 1" und „dEP 2". Erst wenn Sie den Auslöser ein drittesmal
andrücken, erscheinen (analog zum Gehäuse-Display) die anhand
der Entfernungseingaben errechneten Belichtungsdaten in der
gewohnten Anordnung. Ist der gewünschte Schärfentiefenbereich
selbst mit der kleinsten Blendenöffnung nicht realisierbar, so blinkt
die Blendenangabe.

Die von der Betriebsart unabhängigen Belichtungs-Sucheranzeigen: Rechts neben dem Blendenwert erscheinen – falls Sie einen Korrekturfaktor eingegeben haben – das „±"-Zeichen für die Belichtungskorrektur, links neben der Verschlußzeit ein Sternsymbol (*), wenn Sie die Selektivmessung per Knopfdruck abrufen und den Meßwert speichern. Die Blitzbereitschaftsanzeige (Blitzsymbol) erscheint ganz rechts im Sucheranzeigenfeld, wenn ein systemkonformes Blitzgerät aufgesteckt, angeschaltet und geladen ist.

Die Sucheranzeigen zur Entfernungseinstellung

Hier kommt die EOS mit einem einzigen „dicken" Punkt (rechts neben dem Sucheranzeigenfeld) aus: Sobald der Autofokus die Schärfe eingestellt hat, leuchtet diese Autofokus-Anzeige auf. Kann der Autofokus den Entfernungswert dagegen nicht ermitteln, blinkt sie fortwährend. Bei manueller Entfernungseinstellung dient die Autofokus-Anzeige als Einstellhilfe, weil sie dann den korrekten Einstellwert bestätigt (vergessen Sie nicht, daß Sie dann natürlich für die Autofokus-Anzeige den Auslöser leicht andrücken müssen). Beim Blitzen blinkt die Autofokus-Anzeige auch, um vor einem Unterschreiten des Blitzbereiches zu warnen.

Die Funktionstasten und ihre Anordnung

Die Funktionstasten der EOS sind so angeordnet, daß häufiger benötigte schnell und bequem erreicht werden können, die seltener benötigten dagegen unter einer Gehäuseklappe verborgen bleiben. Dadurch wirkt die EOS auch optisch aufgeräumt und übersichtlich.

Die Funktionstasten auf dem Gehäuse

Am auffälligsten sind die „MODE"- und die „EXP. COMP"-Taste links oben neben dem Sucherprisma plaziert. Bei beiden Tasten ändern Sie den Einstellwert über das Elektronik-Einstellrad – Sie müssen sie dazu während der Eingabe gedrückt halten. Über die (grau abgesetzte) „MODE"-Taste geben Sie so die Belichtungsbetriebsart ein („P", „Tv", „Av", „M" und „Depth"), über die „EXP.

Solange die beiden Funktionstasten gedrückt sind, kann jeweils der Einstellwert über das Elektronik-Einstellrad verändert werden

Während die Blendeneinstelltaste „M" nur bei manueller Betriebsart wirksam ist, blendet die Abblendtaste stets das Objektiv auf den aktuellen Blendenwert ab

Die Selektivmeßtaste für kritische Lichtsituationen – die Belichtung wird dann nur innerhalb des zentralen Sucherkreises gemessen

COMP"-Taste („Exposure Compensation" für Belichtungskorrektur)
den Belichtungskorrekturfaktor (EV −5 bis EV +5 in Halbstufen).
Belichtungsbetriebsart wie Belichtungskorrektur werden bei eingeschalteter Kamera immer im Gehäuse-Display angezeigt.

Zwei weitere Tasten finden Sie vorne (links unten) auf dem
Gehäuse. Ihre unauffällige Lage hat einen praktischen Grund: Sie
müssen sie nämlich nur drücken, während Sie die EOS am Auge haben − und erreichen Sie dann sehr gut mit dem Daumen der linken
Hand. Bei der mit einem „M" beschrifteten *Blendeneinstelltaste* geben Sie den Blendenwert wiederum − während Sie sie gedrückt halten − über das Elektronik-Einstellrad ein. Das ist allerdings nur in der
Belichtungsbetriebsart „M" möglich − und auch nur da notwendig.
Die zweite kleine Taste darüber (ohne Aufschrift) ist die *Abblendtaste.* Wenn Sie sie drücken, blenden Sie das Objektiv auf den aktuellen Blendenwert ab. Und weil das elektronisch geschieht (aufgrund
der elektronischen Blendensteuerung der EOS sogar geschehen
muß), können Sie nicht nur auf einen manuell vorgewählten, sondern auch auf den in den Automatikbetriebsarten „P", „Tv" und
„Depth" automatisch eingesteuerten Blendenwert abblenden. Im
(dann entsprechend abgedunkelten) Sucherbild können Sie so die
auch von der Blendeneinstellung abhängige Schärfentiefe visuell
kontrollieren. Durch die Abblendtaste aktivieren Sie übrigens
gleichzeitig auch die Sucher- und Display-Anzeigen. In der Vollautomatik-Position des Hauptschalters ist natürlich auch die Abblendtaste nicht aktiviert.

Eine dritte kleine Taste finden Sie an der Rückseite der EOS ganz
rechts oben: die *Selektivmeßtaste.* Mit ihr aktivieren Sie die
Selektivmessung (ohne daß Sie die Kamera vom Auge nehmen
müssen) − die EOS ermittelt die Belichtung dann nur mehr innerhalb
des auf der Sucher-Einstellscheibe markierten Kreises. Sie können
diesen Selektivmeßwert entweder direkt über die Selektivmeßtaste
speichern (indem Sie sie mit dem Daumen der rechten Hand
gedrückt halten), Sie können ihn aber auch (was noch bequemer
ist) mit Hilfe des Auslösers festhalten: Wenn Sie den Auslöser
angedrückt halten („Switch 1"), müssen Sie die Selektivmeßtaste
nämlich nur kurz drücken − die Speicherfunktion des Auslösers
übernimmt dann den Selektivmeßwert. Übrigens bei allen Autofokus-Betriebsarten, denn im Normalfall beschränkt sich die Spei-

34

cherfunktion des Auslösers auf die Autofokus-Betriebsart „ONE SHOT". In den Sucheranzeigen erscheint ein Sternsymbol, solange der Selektivmeßwert gespeichert wird.

Die Funktionstasten unter der Gehäuseklappe

Wenn Sie die Gehäuseklappe unter der Rückwand nach unten klappen (sie wird lediglich durch einen Magnetverschluß arretiert), sehen Sie vier weitere Funktionstasten. Die deutlichere Beschriftung befindet sich auf dem nach unten geklappten Deckel.
Wenn Sie die gelbe *Autofokus-Taste* („AF") kurz drücken, haben Sie acht Sekunden lang Zeit, um über das Elektronik-Einstellrad die Autofokus-Betriebsart einzugeben („ONE SHOT" oder „SERVO"). Vergessen Sie aber nicht, daß Sie die Autofokus-Betriebsart nur einstellen können, wenn der Autofokus-Wahlschalter am Objektiv auf „AF" steht. Die Autofokus-Betriebsart wird bei eingeschalteter Kamera immer im Gehäuse-Display angezeigt.

Unter der Gehäuseklappe sind die Funktionstasten für die Autofokus- und die Filmtransportbetriebsart, dazu die Batterieprüf- und Rückspultaste

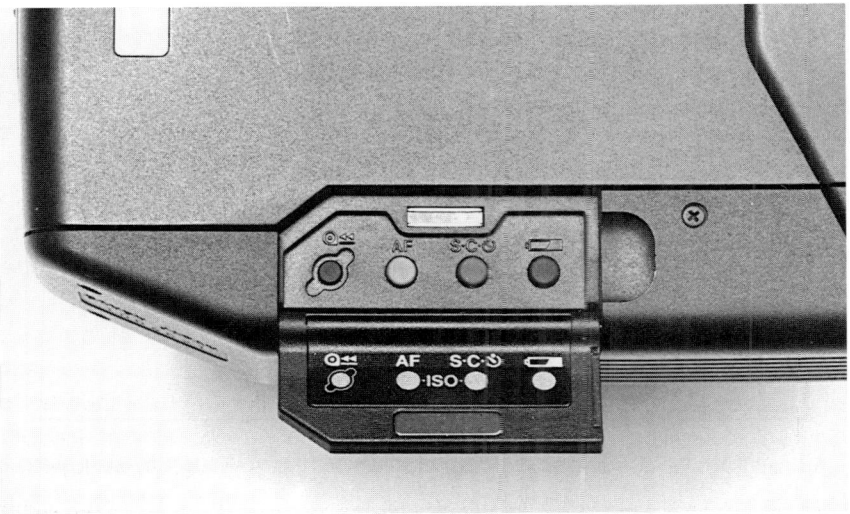

Wenn Sie die (blaue) *Filmfrequenztaste* kurz drücken, haben Sie wiederum acht Sekunden lang Zeit, um über das Elektronik-Einstellrad die Filmtransportbetriebsart einzugeben („S" für Einzelbildschaltung, „C" für Dauerlauf oder das Uhrsymbol für die Selbstauslöser-Funktion). Auch die Filmtransportbetriebsart wird bei eingeschalteter Kamera stets im Gehäuse-Display angezeigt. Wenn Sie die „AF"- und die Filmfrequenztaste (also die beiden mittleren Tasten) gleichzeitig drücken, können Sie am Elektronik-Einstellrad acht Sekunden lang die Filmempfindlichkeit einstellen (bzw. einen automatisch abgetasteten Wert korrigieren).

Batteriekontrolle

Display-Anzeige	Batterie-Kapazität	Spannung
bc ▬▬▬▬	Vollkommen ausreichend: + 20 Grad: gut 50 Filme − 10 Grad: gut 15 Filme − 20 Grad: gut 10 Filme	4,2 Volt
bc ▬▬▬	Noch ausreichend: + 20 Grad: gut 20 Filme − 10 Grad: gut 5 Filme − 20 Grad: knapp 5 Filme	3,9 Volt
bc (blinkend)	Batterie sofort ersetzen! Nur noch eine Belichtung ist gesichert, nicht mehr dagegen die motorische Filmrückspulung	3,6 Volt
bc	Batterie sofort ersetzen! Die EOS läßt sich bereits nicht mehr auslösen.	-----

Alle Angaben gelten für 36er Filme und sind als Mindest-Kapazität anzusehen.

Die beiden äußeren (schwarzen) Tasten sind dagegen nicht mit dem Einstellrad kombiniert. Mit der (linken) *Filmrückspultaste* können Sie die (ansonsten am Filmende automatisch einsetzende) Filmrückspulung sofort einleiten und so Filme nur teilbelichten. Die Filmrückspultaste wie auch die nachfolgend beschriebene Batterieprüftaste sind übrigens auch in der Vollautomatik-Position des Hauptschalters wirksam.

Mit der (rechten) schwarzen *Batterieprüftaste* können Sie die Batteriespannung kontrollieren. Die Filmtransportbalken im Gehäuse-Display zeigen dann die verbleibende Kapazität an: Drei Balken signalisieren Ihnen, daß Sie sich über die Stromversorgung noch keine Gedanken machen müssen. Bei zwei Balken ist die Batteriekapazität zwar auch noch in Ordnung, Sie sollten dann aber bereits eine Ersatzbatterie zur Verfügung halten. Ein (dann zusätzlich blinkender) Balken weist Sie auf den dringend notwendigen Batteriewechsel hin. Sie können dann zwar mit Sicherheit noch einmal auslösen, der anschließende Filmtransport oder gar die Filmrückspulung sind aber bereits nicht mehr gewährleistet. Erscheint schließlich überhaupt kein Balken mehr (sondern nur noch das den Prüfvorgang begleitende „bc" im Display), so können Sie nicht einmal mehr auslösen.

Die Batterie wechseln

Um die Batterie zu wechseln, müssen Sie zunächst den Handgriff (am besten mit einer Münze) abschrauben. Wenn Sie den orangefarbenen Hebel vor dem Batteriefach nach oben schieben, gleitet die Batterie heraus. Die frische Batterie müssen Sie unbedingt mit den Polen voraus in das Batteriefach einschieben – sie paßt nämlich auch verkehrt herum hinein, kann dann aber die EOS nicht mit Strom versorgen. Achten Sie auch darauf, daß der orangefarbene Hebel wieder sperrt.

Die EOS kommt mit einer 6-Volt-Lithiumbatterie aus (Sanyo 2 CR5), die bei normalen Temperaturen (um 20° Celsius) für mindestens 50 Filme (à 36 Aufnahmen) ausreicht. Bei starken Minustemperaturen kann die Kapazität freilich im Extremfall (obwohl die Lithiumbatterie weit weniger kälteempfindlich ist als konventionelle Alkali-Mangan-Batterien) auf zehn Filme absinken. Canon hat die Batterie übrigens in einem Bodenfach untergebracht (und nicht im Handgriff, der bei den meisten anderen Kameras die Batterien aufnimmt), weil das zu einer ausgeglicheneren Schwerpunktlage beiträgt.

PS.: Vergessen Sie nicht, daß es sich bei der Lithiumbatterie um einen relativ neuen und noch nicht weit verbreiteten Batterietyp handelt, den Sie demzufolge nicht in jedem Geschäft, das Batterien führt, bekommen werden. Besorgen Sie sich also immer rechtzeitig eine Ersatzbatterie!

Batterie mit den Polen voraus in das Batteriefach schieben, bis der orangefarbene Hebel einrastet

Das Objektiv wechseln

Zum Objektivwechsel nehmen Sie die EOS am besten in die linke Hand, weil dann Ihr Zeigefinger die Entriegelungstaste bequem erreicht. Während Sie sie drücken, drehen Sie das Objektiv mit der rechten Hand gegen den Uhrzeigersinn bis zum Anschlag (das ist nicht einmal eine viertel Umdrehung). Beim Ansetzen (Drehung im Uhrzeigersinn) richten Sie das Objektiv mit dem roten, erhabenen Punkt auf die rote Punktmarkierung der Kamera-Bajonettauflage aus. Es rastet automatisch ein. Durch die fühlbare Punktmarkierung (die beim Ansetzen immer nach oben weist) können Sie das Objektiv auch bei Dunkelheit problemlos wechseln. Obwohl das Objektiv keine stoßempfindlichen mechanischen Übertragungselemente hat, sollten Sie es möglichst auf die Vorderseite abstellen – denn auch die elektronischen Kontaktpunkte können beschädigt werden (oder zumindest verschmutzen).

Das moderne EF-Bajonett der EOS kommt ohne mechanische Übertragungsfunktionen aus. Sämtliche Daten zwischen Kamera und Objektiv werden elektronisch über die Goldkontakte übertragen

2. Wechselzubehör

Einige Gehäuseteile der EOS können Sie abnehmen und durch Spezialversionen ersetzen. Mit diesem Wechselzubehör (Handgriffe,
Rückwände, Sucherscheiben, Korrekturlinsen) spezialisieren Sie
die EOS jeweils für ganz bestimmte Aufgabenstellungen. Nachfolgend werden diese (fast ausschließlich) speziell für die EOS
entwickelten Zubehörteile und ihre Möglichkeiten vorgestellt.

Wechselhandgriffe und Fernauslöser

Sie können den Standardhandgriff der EOS auch abschrauben, um
ihn gegen einen anderen Handgriff auszutauschen. Canon bietet für
die EOS zwei weitere Wechselhandgriffe an: Der *Handgriff GR 10*
unterscheidet sich nur durch seine Größe und eine zusätzliche
Handschlaufe vom Standardhandgriff (der übrigens GR 30 heißt).
Ob Sie ihn vorziehen sollen, ist freilich nicht nur eine Frage Ihrer
Hand-Anatomie: Wenn Sie oft mit längeren und schweren Teleobjektiven unterwegs sind, können Sie die EOS nämlich vor allem
dank der Handschlaufe mit dem GR 10 sicherer und bequemer
halten. Ganz so elegant sieht die EOS mit diesem nach unten leicht
vorstehenden Handgriff allerdings nicht mehr aus.
Der *Handgriff GR 20* ist zwar größenmäßig mit dem Standardhandgriff identisch, hat aber zusätzlich einen Fernauslöseranschluß.
Allein der GR 20 bietet somit die Möglichkeit (weil die EOS keinen
eigenen Fernauslöseranschluß hat), die EOS über einen Fernauslö-
ser (oder gar drahtlos per Infrarot-Impulsen) auszulösen. Sogar
konventionelle (über mechanischen Druck arbeitende) Standard-
Drahtauslöser sind dazu (über den Drahtauslöser-Adapter T3)
einsetzbar. Empfehlenswert ist jedoch der (60 cm lange) elektrische
Kabel-Fernauslöser 60 T3, weil Sie den direkt am Handgriff GR 20
anschließen können. Mit dem Verlängerungskabel 1000 T3 können
Sie ihn zudem um zehn Meter verlängern. Wenn es Ihnen allerdings
nur darum geht, die EOS bei Langzeitbelichtungen möglichst
erschütterungsfrei auszulösen, erreichen Sie das auch über die ver-
zögerte Auslösung der Selbstauslöser-Funktion.
Wenn Sie die EOS häufig aus weiterem Abstand auslösen müssen
(zum Beispiel für Tier- oder Sportfotos), empfiehlt sich der kabello-

Vorsicht: Bei abgeschraubtem Handgriff steigt der Stromver- brauch der EOS – den Hand- griff also immer nur kurz abnehmen

se *Infrarot-Fernauslöser LC-2* (bestehend aus dem Sender LC-2 und dem direkt an den GR 20 anschließbaren Empfänger LC-2). Er funktioniert auf gut 50 Meter Abstand. Der Sender (mit Handschlaufe und Stativgewinde) sendet übrigens auf zwei Kanälen, so daß Sie zwei Kameras entweder gleichzeitig oder unabhängig voneinander auslösen können. Der Empfänger löst die EOS entweder sofort auf den Impuls hin aus oder (wahlweise) mit zwei Sekunden Verzöge- rung. Sie können den Infrarotstrahl zwischen Sender und Empfän- ger aber auch zur (maximal fünf Meter langen) Lichtschranke umfunktionieren – die EOS löst dann aus, sobald der Infrarotstrahl durchbrochen wird. Schließlich eine letzte Fernauslösevariante: Sie können die EOS auch auf einem Stativ „verstecken", wenn Sie sie nicht direkt mit dem Empfänger verbinden, sondern das Verlänge- rungskabel 1000 T3 dazwischenschalten.

Wechselrückwände und Dateneinbelichtung

Wenn Sie die Rückwand öffnen (indem Sie den seitlichen Knopf drücken und gleichzeitig den Riegel nach unten schieben – am besten geht das in einem Daumenschwung), sehen Sie an ihrem Befestigungsscharnier rechts oben eine kleine, blanke Entriegelungstaste. Wenn Sie diese mit dem Fingernagel nach unten ziehen, rastet die Rückwand aus, und Sie können sie abnehmen.

Prinzipiell bietet Canon zwei weitere Rückwände für die EOS an – eine Daten- und eine Datenspeicherrückwand. Letztere hat jedoch den Nachteil, daß sie in der Bundesrepublik (zumindest vorläufig) keine Postzulassung besitzt. Ihre Möglichkeiten sollen deshalb nachfolgend nur skizziert werden.

Aber zunächst die *Datenrückwand* (genaue Bezeichnung: Quartz Date Back E), die ausschließlich dem Zweck dient, zusätzliche Daten auf dem Film einzubelichten. Das kann einmal das Aufnahmedatum sein (Die Date Back E ist bis zum Jahre 2029 mit Schaltjahren und unterschiedlich langen Monaten vorprogrammiert), das kann der exakte Aufnahmezeitpunkt sein (Tag/Stunde/Minute), das können vierstellige Bildzahlen (automatisch von 0001 bis 9999) oder

aber auch beliebige sechsstellige Zahlenkombinationen sein. Mehr kann diese Datenrückwand nicht – dafür ist sie aber auch ungewöhnlich preiswert. Es werden übrigens orangefarbene Ziffern in die rechte untere Ecke des Bildfeldes einbelichtet.

Das alles kann die *Datenspeicherrückwand* auch (genaue Bezeichnung: Technical Back E) – nur können hier bis zu 30 Ziffern auf den Film einbelichtet werden, darunter auch sämtliche Aufnahmedaten (Verschlußzeit, Blende, Meßart, Meßwertspeicherung, Filmempfindlichkeit, Brennweite usw.). Die Speicherkapazität reicht aus, um beispielsweise für 156 Aufnahmen (vier 36er-Filme) jeweils 16 Belichtungsdaten abzuspeichern und – das ist letztendlich der Clou – über eine Schnittstelle (das mitgelieferte Interface) an einen MSX-Computer weiterzugeben. Die Daten können im Computer weiterverarbeitet (am Monitor betrachtet oder abgespeichert) werden. Auf dem umgekehrten Weg kann die EOS so vermutlich auch (genaue Angaben liegen hierüber noch nicht vor) über die Computertastatur (und aus dem abgespeicherten Datenbestand) bedient werden. Diese Technical Back E – die allein mit Interface mehr kostet als das EOS-Gehäuse – ist allerdings in der Bundesrepublik nicht zugelassen und deshalb auch nicht lieferbar.

Sucherzubehör und Scharfstellhilfen

Canon bietet für die EOS sechs weitere *Einstellscheiben* an, die Sie selbst gegen die serienmäßig eingesetzte austauschen können. Hierfür gibt es einen kleinen, pinzettenartigen Greifer – denn mit den Fingern dürfen Sie die Einstellscheiben keinesfalls anfassen. Halten Sie sich beim Wechsel genau an die Vorschriften der Bedienungsanleitung, damit Sie nicht die Einstellscheibe oder den Rückschwingspiegel beschädigen. Sicherheitshalber sollten Sie die neu eingesetzte Einstellscheibe auf ihren exakten Sitz kontrollieren (am einfachsten, indem Sie im Sucher vergleichen, ob der vom Autofokus eingestellte Entfernungswert auch ein visuell scharfes Einstellbild liefert).

Mit ihrem präzisen Autofokus bietet die EOS freilich wenig Anlaß, die Einstellscheiben öfter zu wechseln. Zumal die serienmäßige Einstellscheibe sehr hell ist, keine (bei lichtschwachen Objektiven abdunkelnden) Einstellhilfen hat und sich somit auch für die manuelle Entfernungseinstellung (mit lichtschwachen Teleobjektiven) gut eignet. Einstellscheiben mit Gittereinteilung oder Meßskalen sind sicherlich für bestimmte Aufgabenstellungen unentbehrlich, ein Schnittbildindikator kann dagegen gegenüber der automatischen Entfernungsmessung schon deshalb keinen Vorteil bieten, weil er auf Kanten und Linien angewiesen ist (die er bei unscharfer Einstellung versetzt), die auch dem Autofokus der EOS (der ja ähnlich mißt) ausreichend Kontrast liefern.

Sie können aber nicht nur die Einstellscheiben auswechseln, sondern auch den Sucher insgesamt verändern. Statt der Augenmuschel (einfach nach oben abziehen) können Sie auch einen *Winkelsucher* aufsetzen und dann das Sucherbild seitlich oder von oben betrachten. Das ist natürlich in erster Linie nützlich, wenn Sie mit der EOS in Bodennähe fotografieren. Der Winkelsucher B liefert ein seitenrichtiges Sucherbild, der Winkelsucher A-2 dagegen ein seitenverkehrtes. Eine reine Einstellhilfe (für extreme Makroaufnahmen oder Reproduktionen) ist dagegen die *Einstellupe S,* die den zentralen Ausschnitt des Sucherbildes 2,5fach vergrößert. Sie wird mit dem für das EOS-Okular notwendigen Lupenadapter S geliefert (der zur Adaption einer bereits vorhandenen Einstellupe auch separat erhältlich ist).

Mikroprismenkreis

Einstellscheibe mit zentralem Mikroprismenkreis für manuelles Scharfstellen

Schnittbildindikator

Einstellscheibe mit zentralem Schnittbildindikator zum manuellen Scharfstellen

Gittereinteilung

Einstellscheibe mit horizontalen und vertikalen Linien zum genauen Ausrichten der Kamera

Meßskalen

Einstellscheibe mit Meßskalen in Millimeter-Einteilung – hilfreich für Nahaufnahmen

Doppelfadenkreuz:

Einstellscheibe mit Doppelfadenkreuz zum manuellen Scharfstellen

Kreuzschnittbild

Einstellscheibe mit zentralem Kreuzschnittbild für manuelles Scharfstellen

Schließlich können Sie die Augenmuschel der EOS auch gegen *Korrekturlinsen* (mit zusätzlich abnehmbarer Augenmuschel) austauschen. Diese Augenkorrekturlinsen gibt es in zehn Dioptrienstärken (+3, +2, +1,5, +1, +0,5, 0, −0,5 −2, −3 und −4). Die EOS hat allerdings eine Grundkorrektur von −1 Dioptrie, so daß Sie vom Dioptrienwert der Fehlsichtigkeit immer „1" subtrahieren müssen, um ihn mit dem notwendigen Dioptrienwert der Korrekturlinse vergleichen zu können. So benötigen Sie beispielsweise bei einer Fehlsichtigkeit von „+2" Dioptrien (aufgrund der Suchergrundkorrektur) nur eine Korrekturlinse mit der Dioptrienstärke „+1". Sie sollten auch die Korrekturlinse stets zusammen mit ihrer Augenmuschel benutzen, weil die Augenmuschel wirksam Lichteinfall durch das Okular verhindert (der das Meßergebnis der direkt oben im Sucherprisma gelegenen Belichtungsmeßzelle verfälschen kann).

II. Teil

Filmtransport und Filmeigenschaften

Das alles erledigt die EOS vollautomatisch: den (unmittelbar nach dem Schließen der Rückwand) automatisch einsetzenden Filmvorschub bis zur Aufnahmebereitschaft, den Weitertransport nach jeder Belichtung und schließlich auch die Rückspulung am Filmende. Sie öffnen die Rückwand wieder – und nehmen die Patrone mit dem fertig belichteten Film heraus. Sie müssen sich lediglich für eine bestimmte Transportfrequenz entscheiden – in diesem Teil geht es also zunächst um die Vor- und Nachteile dieser Filmtransportbetriebsarten.

Daß die Empfindlichkeit wesentliches Charakteristikum eines Filmes ist, wissen Sie. Die Filmempfindlichkeit ist – stark vereinfacht – ein Maß für die Lichtmenge, die der Film benötigt, damit er richtig belichtet wird. Manche Filme sind auf viel Licht angewiesen, andere kommen mit weniger aus. Sie müssen aber auch wissen, daß sich mit dieser Lichtempfindlichkeit andere wichtige Eigenschaften (wie die Körnigkeit und Kontrastwiedergabe) verbinden, daß es unterschiedliche Filmarten gibt (grundsätzlich werden Farbnegativ-, Farbdia- und Schwarzweißfilme unterschieden), daß es Spezialfilme gibt und, und . . . In diesem Teil geht es also auch um Filme und ihre Eigenschaften.

1. Der vollautomatische Filmtransport

Das früher umständliche Filmeinlegen und -transportieren sind mit der EOS kinderleicht: Sie öffnen die Rückwand (seitlicher Knopf und gleichzeitiger Druck auf die mit nach unten gerichtetem Pfeil gekennzeichnete Taste), klemmen die Patrone (mit dem flachen Ende nach oben voraus) in die linke Filmkammer (im Gehäuse-Display erscheint gleichzeitig zur Bestätigung ein Patronensymbol), ziehen die Filmzunge so weit heraus, daß ihr Ende bis zur orange-roten Markierung rechts an die Filmbühne ragt, und drücken die Rückwand wieder zu.

Der automatische Filmvorschub

Nach dem Einlegen der Patrone und dem Schließen der Rückwand
setzt zwar stets der Filmvorschub zur ersten Aufnahme ein – dann
blockiert die EOS aber sofort den Auslöser, falls sie den Film nicht
ordnungsgemäß greifen und transportieren kann. Zusätzlich blinken
dann die Transportbalken im Gehäuse-Display. Öffnen Sie die
Rückwand nochmals, und rücken Sie den Filmvorspann so zurecht,
daß die Transporträder auch wirklich die Perforation erfassen können. Sobald sich die EOS mit eingelegter Filmpatrone auslösen läßt,
transportiert sie den Film garantiert auch ordnungsgemäß.
Sollten Sie übrigens nach dem Einlegen die Filmzunge versehentlich über die orangerote Markierung gezogen haben, so müssen Sie
die Patrone noch einmal herausnehmen und den Film durch Drehen
am unten herausragenden Spulenkern wieder ein Stück zurückspu-
len. Im Patroneninneren ist der Filmstreifen nämlich am Spulenkern
befestigt und aufgewickelt. Die EOS transportiert ihn bei geschlossener Rückwand nach jeder Belichtung um eine Aufnahmelänge
weiter und so auf eine eigene (und nur bei geschlossener Rückwand
lichtdichte) Aufwickelspule. Sie dürfen also nie (!) die Rückwand
öffnen, bevor die EOS mit dem Rückspulen fertig ist. Daß sie diesen

*In der Patronenkammer links
die DX-Kontakte, rechts unten
auf der Filmbühne die orangerote Markierung für den Filmvorspann*

Rückspulvorgang automatisch einleitet, sobald das Bildzählwerk die maximal möglichen 36 Belichtungen registriert hat, wurde bereits erwähnt. Bei kürzeren Filmen setzt das Rückspulen ein, sobald die EOS den Widerstand des an der Patronen-Aufwickelspule befestigten Filmes spürt, der sich nun nicht weiter herausziehen läßt.

Die motorische Filmrückspulung

Natürlich können Sie – wenn Sie zum Beispiel die Filmsorte wechseln wollen und den eingelegten Film noch nicht fertig belichtet haben – den Rückspulvorgang auch vorzeitig auslösen: Sie müssen dazu nur die Rückspultaste drücken (links unter der Abdeckplatte) – sofort spult die EOS den Film zurück. Sollten Sie sich übrigens an der am Filmende automatisch einsetzenden Rückspulung stören (weil das Rückspulgeräusch bei Aufnahmen im Theater oder in Kirchen zum unpassenden Zeitpunkt einsetzt), so können Sie diese Automatik vom Canon-Service in Willich lahmlegen lassen – die EOS spult dann nur mehr auf Knopfdruck (der Rückspultaste) zurück. Dieser Eingriff ist auch deshalb erwägenswert, weil Sie die Rückspulung nicht einfach durch Abschalten der Kamera (Hauptschalter auf „L") unterbrechen und auf einen späteren Zeitpunkt vertagen können.

An einer anderen Eigenschaft der EOS können Sie dagegen nichts ändern: Mit dem Rückspulen – gleich ob manuell oder automatisch ausgelöst – verschwindet die Filmzunge immer vollständig in der Patrone. Das hat den Vorteil, daß Sie einen Film nicht versehentlich zweimal belichten können. Der Nachteil: Teilbelichtete Filme könnten Sie sonst einfach ein zweitesmal einlegen, mit aufgesetztem Objektivdeckel um den bereits belichteten Abschnitt vortransportieren (dazu Autofokus abschalten und in der Betriebsart „M" $\frac{1}{2000}$ s und die kleinste Blendenöffnung einstellen) und anschließend fertig belichten.

Sollten Sie öfter vor diesem Problem stehen (weil Sie regelmäßig zwischen teilbelichteten Filmen unterschiedlicher Empfindlichkeit oder von Schwarzweiß- auf Farbfilme wechseln wollen), so lohnt sich für Sie ein sogenannter „Filmherauszieher" (von Hama oder Polaroid), mit dem Sie den Filmanfang bei Tageslicht aus der geschlossenen Patrone fischen können. Alternativ könnten Sie zwar auch (weil das Bildzählwerk beim Rückspulen rückwärts mitläuft) durch plötzliches Öffnen der Rückwand die Rückspulung stoppen (Zählwerk-Anzeige „0"), bevor der Filmvorspann in der Patrone verschwindet – erfahrungsgemäß fällt es aber schwer, den exakten Zeitpunkt abzupassen. Sie riskieren so, durch vorzeitiges Öffnen die ersten Aufnahmen Fremdlicht auszusetzen und so unbrauchbar zu machen.

Die Filmtransportbetriebsarten

Die EOS läßt Ihnen die Wahl zwischen mehreren Filmtransport-betriebsarten, den sogenannten Transportfrequenzen. Wenn Sie die (unter der Abdeckklappe verborgene) blaue Transportfrequenz-taste kurz drücken, haben Sie acht Sekunden lang Zeit, um am Ein-stellrad zwischen „S", „C" und der uhrähnlichen Abbildung zu wählen. Die Symbole erscheinen parallel in dem ganz rechts außen gelegenen Feld des Gehäuse-Displays. Nur in der Vollautomatik-Stellung des Hauptschalters („grünes Rechteck") kennt die EOS ausschließlich die Position „S" – die Transportfrequenztaste läßt sich dann nicht aktivieren.

Die Einzelbildschaltung („S")

Im Normalfall sollten Sie aber auch sonst die Position „S" (für eng-lisch „Single", also Einzelbildschaltung) vorwählen. Nach jeder Aus-lösung transportiert die EOS dann sofort den Film weiter (und spannt parallel den Verschluß), so daß Sie immer aufnahmebereit sind. Einzelbildschaltung heißt diese Position deshalb, weil sich die EOS mit jedem Auslösedruck immer nur einmal auslösen läßt – gleich wie lange Sie den Auslöser gedrückt halten, und auch unabhängig davon, ob der Film schon längst weitertransportiert ist. Erst nachdem Sie den Auslöser kurz freigegeben haben, können Sie erneut auslösen. Sie müssen sich so nicht darauf konzentrieren, den Finger rechtzeitig vom Auslöser zu nehmen, wenn Sie nur eine Aufnahme machen wollen. Sobald Sie den Auslöser hastig drücken oder loslassen, riskieren Sie nämlich (vor allem bei längeren Verschlußzeiten) verwackelte Aufnahmen. Diese Einzelbildschal-tung ist – gemessen am Schnellschalthebel, mit dem der Film bei

Die maximalen Filmtransport-Frequenzen der EOS

Autofokus-Betriebsart	Temperatur in Grad Celsius	Maximale Transport-frequenz bei "C"	Rückspul-Dauer
ONE SHOT	+20 Grad	2,7 Bilder/Sekunde	15 Sekunden
	-10 Grad	1,8 Bilder/Sekunde	18 Sekunden
	-20 Grad	1,5 Bilder/Sekunde	20 Sekunden
SERVO	+20 Grad	2,1 Bilder/Sekunde	15 Sekunden
	-10 Grad	1,4 Bilder/Sekunde	18 Sekunden
	-20 Grad	1,3 Bilder/Sekunde	20 Sekunden

Anmerkung: Die Filmtransport-Frequenz für Serienaufnahmen ("C") muß in der Autofokus-Betriebsart "ONE SHOT" deshalb höher sein, weil dann die bei "SERVO" notwendigen Nachfokussier-Intervalle entfallen, die den Filmtransport verzögern. Die Transportfrequenz (und auch Rückspuldauer) schwankt natürlich auch mit der temperaturabhängigen Batterieleistung. Die nominell angegebenen 3 Bilder/Sekunde werden nur unter sehr günstigen Vorausetzungen erreicht.

Kameras ohne integrierten Motor manuell weitertransportiert werden muß — nicht nur komfortabel, sondern auch nützlich: Sie müssen die EOS für den Filmtransport nicht vom Auge nehmen, verändern so den Bildausschnitt nicht (was sich beim manuellen Filmtransport kaum vermeiden läßt) und können bewegte Szenen für mehrere Schnappschüsse besser verfolgen.

Die Serienschaltung („C")

In der Position „C" (für englisch „continuous", also Serienaufnahmen) belichtet die EOS dagegen kontinuierlich Bild für Bild, solange Sie den Auslöser gedrückt halten. Maximal schafft sie so drei Bilder pro Sekunde – mehr als fast alle anderen Kameras mit integriertem Transportmotor. Mit dieser Transportfrequenz können Sie Bildserien aufnehmen, beispielsweise schnelle Bewegung in Einzelphasen zerlegen. In der Sportfotografie helfen Serienaufnahmen (bei allerdings auch beträchtlichem Filmverbrauch), den Höhepunkt der Bewegung im Bild einzufangen.

Daß die EOS die Maximalfrequenz mit längeren Verschlußzeiten nicht einhalten kann (spürbar langsamer wird sie ab ¹⁄₆₀ s), sollte Sie im Hinblick auf die erwähnten Einsatzgebiete nicht stören. Die Transportfrequenz sinkt auch (in diesem Fall auf nur mehr 1,8 Bilder pro Sekunde), wenn der Autofokus im Servobetrieb parallel die Schärfe nachführt: Er kann dies nämlich nicht, während der Rückschwingspiegel hochklappt, und ist deshalb auf die Pausen zwischen den einzelnen Belichtungen angewiesen. Dadurch verzögert sich die gesamte Motorik etwas.

Bildfolge mit Schärfenachführung. Mit der Entfernung nimmt auch die Transportfrequenz ab, weil dann die Fokussierintervalle länger werden

Die Selbstauslöser-Funktion

Als dritte Transportfrequenz können Sie schließlich noch die Selbstauslöser-Funktion („Uhr-Symbol") einstellen: Die EOS beantwortet dann den Druck auf den Auslöser mit einer um zehn Sekunden verzögerten Belichtung. Während dieser Vorlaufzeit blinkt die Selbstauslöseranzeige an der Kameravorderseite rot auf – in den letzten beiden Sekunden schneller als zuvor, um so die unmittelbar bevorstehende Belichtung zu signalisieren. Das Bildzählwerk des Gehäuse-Displays zählt parallel die noch verbleibenden Sekunden (Countdown). Sollten Sie den Selbstauslöser einmal voreilig oder versehentlich ausgelöst haben, so können Sie ihn durch Drücken der Batterieprüftaste (der rechte, schwarze Knopf unter der Abdeckklappe) wieder abbrechen.

Klassischer Fall für den Selbstauslösereinsatz: Sie wollen selbst mit aufs Bild oder sich selbst porträtieren. Sie müssen dann die EOS auf einem Stativ befestigen (zur Not hilft auch eine feste Unterlage, auf der Sie die Kamera ausrichten), den Bildausschnitt bestimmen und die Vorlaufzeit nutzen, um an die bereits vorher im Sucher ausgewählte Position zu kommen. Obwohl sie weniger populär ist, halte ich eine weitere Möglichkeit des Selbstauslösereinsatzes für besonders nützlich: Wenn Sie bei Langzeitbelichtungen vom Stativ – die Sie nicht direkt auslösen sollten, weil Sie dann durch die fast unvermeidbare Erschütterung die Aufnahme verwackeln – den Selbstauslöser aktivieren, sparen Sie sich einen Drahtauslöser. Zumal die EOS mit dem serienmäßigen Griffstück keinen Fernbedienungsanschluß hat (den hat nur der Wechselhandgriff GR 20).

Mit dieser Technik können Sie übrigens auch ohne Stativ in Verschlußzeitenbereiche vordringen, die Sie normalerweise nie „aus der Hand" schaffen würden: Wenn Sie die EOS auf einer festen Unterlage abstützen und über die Selbstauslöserverzögerung auslösen, können Sie durchaus Aufnahmen bis zu einer Sekunde Belichtungszeit verwacklungsfrei bewältigen.

In der Selbstauslöser-Funktion spielt es keine Rolle, ob Sie den Autofokus auf „ONE SHOT" oder „SERVO" eingestellt haben – Entfernungs- wie auch die Belichtungswerte ermittelt die EOS bereits beim Druck auf den Auslöser und speichert sie für die spätere Belichtung. Angesichts der beschriebenen Aufnahmetechnik ist das

Bei „ONE SHOT"
kann der Entfer-
nungswert ge-
speichert und an-
schließend erst
der Bildausschnitt
endgültig festge-
legt werden –
beim Bild oben
Meßwertspeiche-
rung auf das Ge-
sicht im Vorder-
grund

ein großer Vorteil, weil dadurch der sogenannte Fremdlichteinfall (das durch das Sucherokular einfallende Licht, das die Belichtungsmessung verfälschen kann) praktisch ausgeschaltet wird. Solange Sie beim Druck auf den Auslöser durch den Sucher blicken (und ihn dadurch abdecken), müssen Sie keine Fehlmessung befürchten. Ansonsten sollten Sie zur Sicherheit das Sucherokular mit dem im Rutschschutz des Schulterriemens enthaltenen Schutzdeckel verschließen – auch wenn das etwas umständlich ist.

2. Filme und ihre Eigenschaften

Daß die EOS als Kleinbildkamera auch mit Kleinbildfilmen geladen wird, ist naheliegend. Kleinbildfilme werden in lichtdichten Patronen angeboten, aus denen nur das zungenförmige Filmende herausragt. Der Film ist 35 mm breit und (aus rein historischen Gründen, weil es sich im Ursprung um einen Kinofilm handelt) beidseitig perforiert. Das Aufnahmeformat (die Fläche, die die EOS bei jeder Aufnahme belichtet) ist 24 × 36 mm groß. Je nach Konfektionierung gibt es Kleinbildfilme für 12, 20, 24, 36 und 72 Aufnahmen. Am gängigsten und (gemessen an der Aufnahmezahl) preiswertesten sind 36er-Filme. Beim 72er-Film (im Grunde vernachlässigenswert, weil es überhaupt nur einen einzigen gibt) würden Sie mit der EOS die Hälfte verschenken, weil sie nach 36 Aufnahmen (hier endet auch das Bildzählwerk) automatisch den motorischen Rückspulvorgang einleitet.

Warum die Filmempfindlichkeit wichtig ist

Entscheidend ist zunächst, daß die EOS die Filmempfindlichkeit kennen muß, weil sie die Belichtung danach auszurichten hat. Und beruhigend für Sie ist, daß Sie sich darum nicht kümmern müssen. Solange Sie moderne, DX-codierte Filme (steht deutlich auf der Packung) verwenden, liest die EOS die benötigten Informationen automatisch von der Patronenoberfläche ab.

Die Angabe der Empfindlichkeit in ISO

Die heute standardisierte Angabe der Empfindlichkeit in ISO-Werten ist strenggenommen eine Kombination aus den früher üblichen ASA- und DIN-Werten. Die kombinierten Angaben auf den Filmen (z. B. ISO 100/21°) lassen das zwar immer noch erkennen, faktisch berücksichtigt die EOS aber nur den früheren ASA-Wert, den sie als Filmempfindlichkeit in ISO ausgibt und so im Display anzeigt (also nur ISO 100). Das ist die Zahl vor dem Schrägstrich – den dahinter stehenden DIN-Wert können Sie mit der EOS unberücksichtigt lassen. In der arithmetischen Zahlenreihe der ISO-Norm kennzeichnen doppelt so hohe Werte auch eine Verdopplung der Empfindlichkeit. Ein Film mit ISO 200 ist demnach doppelt so empfindlich wie ein ISO-100-Film. Doppelt so empfindlich heißt, er benötigt nur die halbe Lichtmenge und muß demzufolge bei ansonsten identischen Voraussetzungen (identische Blende bei identischen Lichtverhältnissen) nur halb so lange belichtet werden. ISO 400 würde eine abermals verdoppelte Empfindlichkeit bedeuten und – verglichen mit ISO 100 – nur mehr ein Viertel der ursprünglichen Belichtungszeit.

Filmempfindlichkeiten

ISO/ASA ISO/DIN

ISO/ASA	ISO/DIN	
6	9	
8	10	zusätzlich manuell
10	11	einstellbare Empfindlichkeiten
12	12	
16	13	
20	14	
25	15	DX-Bereich
32	16	
40	17	
50	18	
64	19	
80	20	
100	21	Beispiel
125	22	für eine
160	23	Blendenstufe
200	24	
250	25	
320	26	
400	27	Beispiel
500	28	für eine
640	29	Blendenstufe
800	30	
1000	31	
1250	32	
1600	33	
2000	34	
2500	35	
3200	36	DX-Bereich
4000	37	
5000	38	zusätzlich manuell
6400	39	einstellbare Empfindlichkeiten

Die Empfindlichkeit der angebotenen Filme reicht derzeit insgesamt (wenn auch nicht bei allen Filmarten) von ISO 25 bis ISO 3200. In die lichtempfindliche Filmschicht sind Silbersalze eingelassen, die bei Lichteinfall zu Silber reduziert werden, das nach der Entwicklung die sichtbare Schwärzung ergibt. Anhand dieser (allerdings grob vereinfachten) Beschreibung wird der Zusammenhang zumindest grundsätzlich plausibel: Je größer die Silbersalze, desto empfindlicher und damit auch grobkörniger muß der Film sein. Höherempfindliche Filme weisen zudem eine dickere lichtempfindliche Schicht auf, reagieren dadurch „weicher" und können einen höheren Kontrastumfang wiedergeben.

Filmempfindlichkeit und Filmeigenschaften

Empfindlichkeit, Körnigkeit und Kontrast stehen somit in engem Zusammenhang. Niedrigempfindliche Filme (ISO 50 und weniger) sind feinkörniger und „schärfer", erfüllen höchste Ansprüche an die Bildqualität, sind jedoch auf gute Lichtverhältnisse angewiesen. Hochempfindliche Filme (ISO 400 und mehr) verkörpern das andere Extrem: Grobkörniger und nicht so „scharf", lassen sie sich auch bei wenig Licht und mit kürzeren Verschlußzeiten einsetzen. Sie gelten deshalb auch als „schnell". Einen guten Kompromiß mit ausgewogenen Allround-Eigenschaften stellen schließlich die mittelempfindlichen Filme (ISO 64–ISO 200) dar. Erwähnt sei außerdem, daß sich diese Klasseneinteilung durch ständig verbesserte und empfindlichere Emulsionen stetig nach oben verschiebt.

Die unterschiedlichen Filmarten

Farbnegativ- und Farbdiafilme

Die grundsätzliche Einteilung in Farbnegativ-, Farbdia- und Schwarzweißfilme ist Ihnen vermutlich geläufig. Farbnegativfilme ergeben nach der Entwicklung Negative in komplementären Farben und Helligkeitswerten, die als Ausgangspunkt für farbige Papierbilder dienen. Farbdiafilme ergeben dagegen „Durchsichtsbilder", die anschließend gerahmt und projiziert werden. Obwohl Sie auch vom Diapositiv Papierbilder (in durchaus guter Qualität) anfertigen lassen können, läßt sich die Frage nach dem für Sie „richtigen" Farbfilm pauschal doch wie folgt beantworten: Wenn Sie vorrangig Erinnerungsfotos fürs Album (und zum Verschenken wollen), sind Sie der „typische" Farbnegativfilmfotograf, wenn Sie dagegen für eine brillante Projektion den zeitlichen und finanziellen Aufwand in Kauf nehmen, sind Sie der „typische" Diafotograf.

Bei der Entscheidung kann schließlich auch der Belichtungsspielraum eine wesentliche Rolle spielen. Man versteht darunter die Fähigkeit eines Filmes, Motivkontraste auszugleichen und damit auch Belichtungsfehler zu verzeihen. Daß diese Fähigkeit mit der Empfindlichkeit zunimmt, wurde schon erwähnt. Grundsätzlich bieten Negativfilme einen deutlich erweiterten Belichtungsspielraum und damit bessere Voraussetzungen für Motive mit großen Helligkeitsunterschieden. Daß sie auch keine so akkurate Belichtung erfordern, ist allerdings angesichts der perfekten Belichtungstechnik der EOS kein Argument.

Belichtungsreihe mit Farbdiafilm in Halbstufen über die Belichtungskorrekturtaste, die den engen Belichtungsspielraum dieses Filmtyps belegt

Schwarzweißfilme

Schwarzweiß(negativ)filme (es gibt überhaupt nur einen Diafilm für schwarzweiße Positive, den Agfa Dia-Direkt) fristen einerseits nur mehr ein Schattendasein, haben sich auf der anderen Seite aber aufgrund spezifischer Vorteile zu einem anspruchsvollen Material für „Spezialisten" gewandelt: Grafische Motive oder abstrakte Darstellungen sind eindeutig die Domäne der Schwarzweißfotografie. Mit dem Ilford XP 1 gibt es auch einen Schwarzweißfilm, der chemisch auf der Farbtechnologie basiert (und auch in Farbnegativentwicklern entwickelt wird) und mit enormem Belichtungsspielraum aufwartet.

Spezialfilme

Aus Platzgründen kann hier nur angerissen werden, daß vor allem Kodak und Agfa einige interessante Spezialfilme anbieten: Dokumentenfilme (eigentlich zur Reproduktion von Vorlagen gedacht) wie der Kodak Technical Pan (ISO 25) oder der Agfaortho 25 (der als orthochromatischer Film im Gegensatz zu den „normalen" panchromatischen Filmen nicht für Rot sensibilisiert wurde und deshalb für farbige Motive ausscheidet) bestechen durch extrem hohes Auflösungsvermögen, und der Kodak High Speed 2481 Infrarot (beachten Sie bitte die Empfindlichkeitshinweise auf dem Beipackzettel) ist schließlich ein im roten und infraroten Bereich (für letzteren ist unser Auge nicht mehr empfindlich) sensibilisierter Film mit sehr reizvoller Grauwertumsetzung. Pflanzliches Grün (sogenannter Wood-Effekt) bildet er zum Beispiel weiß ab, am Tag aufgenommene Infrarotaufnahmen erwecken so den Eindruck von Nachtaufnahmen. Mit dem Infrarotfilm können Sie auch bei völliger Dunkelheit fotografieren, wenn Sie einen infraroten Blitz abschießen (kleben Sie dazu ein Kodak-87- oder-88A-Filter vor den Reflektor Ihres Speedlite, und korrigieren Sie die Entfernungseinstellung manuell auf dem Infrarot-Index).
Mit dem Ektachrome-Infrarot-Film (ISO 80 für Tages- und ISO 200 für Kunstlicht) bietet Kodak zudem einen im infraroten Bereich sensibilisierten Farbdiafilm mit interessanter Farbumsetzung – deshalb auch die Bezeichnung „Falschfarbenfilm". Sie sollten ihn nur mit einem Gelb- oder allenfalls dunklen Grünfilter einsetzen. Daß Farbfil-

me entweder auf Tages- oder Kunstlicht abgestimmt sind und wie Sie sie über Konversionsfilter der jeweils anderen Lichtart anpassen können, erfahren Sie im Teil VII unter „Filter".

Sie können die EOS auch mit Sofortbildfilmen laden (die Sie selbst in nur wenigen Minuten in einem kleinen Autoprocessor entwikkeln). Polaroid bietet den Polachrome CS (ISO 40) für Farbdias, den Polapan CT (ISO 125) und den Polapan HC (ISO 400) für Schwarzweißdias. Vorsicht aber beim Blitzen: Die Oberfläche der Sofortbildfilme weicht so stark von der Norm ab, daß die Blitzinnenmessung (die das von der Filmoberfläche reflektierte Licht mißt) falsche Meßergebnisse liefern muß. Um die richtige Korrektureinstellung zu finden, müssen Sie mehrere Aufnahmen mit abgestufter Belichtungskorrektur machen.

Die Filmempfindlichkeit einstellen

Zurück zur EOS. Um die auf den Filmpackungen aufgedruckten ISO-Werte müssen Sie sich ja zunächst nicht kümmern. Die EOS holt sich die benötigte Information automatisch von der Patronenoberfläche, wo sie in Form schwarzer und blanker Flächen verschlüsselt vorliegt (sogenannte DX-Codierung). Über sechs Kontakte im Patronenfach tastet die EOS die elektrische Leitfähigkeit dieser Felder und die so codierte Filmempfindlichkeit ab. Alle führenden Filmhersteller (Agfa, Fuji, Ilford, Kodak, Konica, Scotch) bieten zunehmend nur noch DX-codierte Filme an – mit deutlich sichtbarem DX-Zeichen auf Verpackung wie Patrone.

Empfindlichkeitskontrolle im Display

Nach dem Filmeinlegen und dem Schließen der Rückwand bestätigt die EOS im Gehäuse-Display kurz die abgelesene Filmempfindlichkeit. Nur bei nicht-DX-codierten Filmen blinkt diese ISO-Angabe (in diesem Fall die Empfindlichkeit des zuvor benutzten Filmes) aufgeregt weiter. Die EOS signalisiert so, daß Sie nun die Empfindlichkeit manuell eingeben müssen: Öffnen Sie dazu die Gehäuseklappe, drücken Sie gleichzeitig auf die beiden mittleren Knöpfe – jetzt haben Sie acht Sekunden lang Zeit, um am Einstellrad den von der Patrone (oder Packung) abgelesenen ISO-Wert einzugeben. Jetzt erst erlischt die Empfindlichkeitsangabe im Display.

Durch das Kontrollfenster in der Rückwand können Sie nicht nur jederzeit sehen, ob Sie einen Film eingelegt haben, sondern (bei den standardisiert beschrifteten Patronen der führenden Hersteller) auch Filmtyp und Empfindlichkeit ablesen. Durch gleichzeitigen Druck auf die beiden ISO-Knöpfe können Sie sich immer im Display die Empfindlichkeit bestätigen lassen – und gegebenenfalls per Einstellrad korrigieren.

Unterschiedliche Einstellbereiche

Der Empfindlichkeitsbereich, den die EOS bei DX-Filmen automatisch in Drittelstufen abtastet, reicht von ISO 25 bis ISO 5000. Damit ist die EOS bestens für weitere, künftige Filmempfindlichkeits-Steigerungen gerüstet, denn die derzeit angebotene Spanne reicht von ISO 25 bis zu einigen wenigen höchstempfindlichen Filmen mit ISO 3200. Manuell können Sie sogar in einem nochmals erweiterten Bereich zwischen ISO 6 und ISO 6400 einstellen. Über die manuelle Eingabe könnten Sie selbstverständlich auch den automatisch abgetasteten Wert korrigieren – ratsam ist das jedoch nicht. Dazu sollten Sie auf die Belichtungskorrektur-Möglichkeit zurückgreifen (englisch „exposure compensation" und deshalb auf der EOS mit „EXP. COMP" beschriftet). Während Sie die so bezeichnete Taste links neben dem Prisma drücken, können Sie am Einstellrad die Belichtung jeweils in fünf Stufen in Richtung Unter- oder Überbelichtung korrigieren.

Filmempfindlichkeits- und Belichtungskorrektur

Mit jeder Stufe geben Sie der EOS immer eine Verdoppelung (bzw. Halbierung) der Filmempfindlichkeit vor und „beauftragen" sie so letztlich, halb bzw. doppelt so lange zu belichten, wie die Filmempfindlichkeit dies eigentlich erfordern würde. Natürlich können Sie auch in Halbstufen korrigieren. Und wie gesagt, Sie könnten das auch direkt über die Empfindlichkeitseingabe bezwecken: Wenn Sie zum Beispiel einen ISO-100-Film um eine Stufe unterbelichten wollen, müssen Sie nur die Filmempfindlichkeitseinstellung auf ISO 200 korrigieren.

Motive mit dominant weißen Flächen erfordern eine Belichtungskorrektur. Korrektur um + ½ Lichtwert führt bei der Aufnahme oben zu einer spürbar besseren Belichtung

Die EOS unterstellt dann einen doppelt so empfindlichen Film und belichtet nur halb so lange. Der Nachteil: Die EOS muß diese Empfindlichkeitseingabe als dauerhaft richtig voraussetzen und wird Sie deshalb nicht wieder daran erinnern. Sie laufen so Gefahr, eine nur vorübergehend beabsichtigte Korrektur auf Dauer zu übernehmen. Anders die „exposure compensation". Sie wird auf dem Gehäuse-Display wie im Sucher angezeigt und erinnert Sie so stets daran, daß Sie die wahre Filmempfindlichkeit „manipuliert" haben. So vergessen Sie kaum, die Korrektur wieder rechtzeitig aufzuheben. Der Korrekturweg über die „EXP. COMP."-Taste ist also nicht nur bequemer, sondern auch sicherer.

Die Belichtungskorrekturtaste wird oft als pauschale (und damit letztlich ungenaue) Möglichkeit vorgeschlagen, die Belichtung auf kritische Lichtsituationen abzustimmen (beispielsweise der Rat, für Gegenlichtaufnahmen um +1 zu korrigieren). Auf solche Pauschalverfahren können Sie mit der EOS verzichten – daß Sie da weitaus bessere Möglichkeiten haben, erfahren Sie im Teil IV „Belichtung steuern".

Letztlich werden Sie die Korrekturmöglichkeit deshalb auch nur in wenigen Ausnahmefällen benötigen. Wenn Sie zum Beispiel einen Film (weil seine Empfindlichkeit für die Lichtverhältnisse nicht ausreicht) pauschal knapper belichten wollen – Sie müssen das dann durch eine empfindlichkeitssteigernde, also längere Entwicklung ausgleichen lassen. Im Fachjargon heißt das, einen Film zu „pushen". Oder wenn Sie für bestimmte Aufnahmetechniken (zum Beispiel die erwähnte Blitzfotografie mit Sofortbildfilmen) eine Korrektur ermittelt haben, die Sie dann immer wieder vorübergehend eingeben müssen. Sie können so auch Diafilme pauschal etwas knapper belichten (Korrektur −0,5), wenn Sie feststellen, daß „dichtere" Dias in der Projektion brillanter wirken.

Der Schwarzschild-Effekt

Abschließend sei im Rahmen der Korrektur noch auf eine Eigenart sämtlicher Filme hingewiesen: Die Filmempfindlichkeit ist nämlich strenggenommen kein feststehender Wert, sondern nimmt mit extrem kurzen und langen Belichtungszeiten ab. Nach seinem Entdecker heißt dieses Verhalten Schwarzschild-Effekt. Im Kurzzeitenbereich macht er sich selbst mit der 1/2000 s der EOS nicht bemerkbar, so daß hier nur Korrekturempfehlungen für den Langzeitenbereich gegeben werden müssen: Bei Belichtungszeiten um eine Sekunde sollten Sie mit einer +1-Korrektur anfangen, um dann kontinuierlich mehr zuzugeben (+2 bei zehn Sekunden, +3 bei 100 Sekunden). Betrachten Sie das aber nur als Orientierungsgröße, weil das Schwarzschild-Verhalten mit der Filmsorte (und auch dem Hersteller) schwankt. Um im Langzeitenbereich mit Sicherheit die richtige Belichtung zu treffen, sollten Sie deshalb unbedingt mehrere Aufnahmen mit unterschiedlicher Korrektur machen.

III. Teil

Die Belichtung messen

Selbstverständlich belichtet die EOS vollautomatisch! Sie müssen sogar bewußt eingreifen, wenn Sie dies verhindern wollen. Außerdem hat die EOS doch die Mehrfeldmessung – die überlegene Automatik für kritische Lichtverhältnisse. Warum also ausführliche Erklärungen zur Belichtung? Lohnt es sich denn überhaupt noch, manuell einzugreifen? Und wozu eigentlich ein Meßwertspeicher?
Die EOS hat sogar zwei Meßwertspeicher. Und sie hat neben der Mehrfeld- eine Selektivmessung. Zwei unterschiedliche Meßsysteme mit unterschiedlichen Stärken und Schwächen? Exakt darum geht es. Um die Grundlagen der Belichtung. Nicht um Belichtungsprogramme und die Frage nach geeigneten Zeit- und Blendenwerten. Das kommt später. Sie müssen wissen, daß Sie sich auf die Automatik der EOS fast immer verlassen können. Sie müssen aber auch wissen, was in den wenigen Ausnahmefällen zu tun ist.

1. Grundlagen der Meßtechnik

Nur vordergründig geht es bei der Belichtung nämlich lediglich darum, bestimmte Verschlußzeiten- und Blendenwerte einzustellen bzw. diesen Vorgang einer Belichtungsautomatik zu überlassen. Tatsächlich zerfällt die Belichtung in zwei aufeinanderfolgende Teilabschnitte: Zunächst muß sie ermittelt werden, der Motivhelligkeit muß ein bestimmter Meßwert zugeordnet werden. Dann erst gilt es, diesen Wert in konkrete Belichtungsdaten umzusetzen, in eine bestimmte Zeit-Blenden-Kombination. Moderne Kameras bieten für diese Steuerung zahlreiche Varianten an – die sogenannten Belichtungsprogramme. Was aber, wenn der zuvor ermittelte Meßwert nicht stimmt? Dann setzt auch das raffinierteste Belichtungsprogramm einen falschen Meßwert in ebenso falsche Belichtungsdaten um und produziert ebenso zwangsläufig unter- oder überbelichtete Aufnahmen.

Belichtung und Kontrastumfang

Zum besseren Verständnis deshalb ein kurzer Exkurs zur Meßproblematik. Stand der Spiegelreflextechnik ist die Lichtmessung durch das Aufnahmeobjektiv (sogenannte Innenmessung). Der Meßwinkel des Kamera-Belichtungsmessers entspricht dabei annähernd dem Bildwinkel des Objektivs, es wird also integral die Helligkeit des gesamten Bildes gemessen. Eine mehr oder weniger ausgeprägte Mittenbetonung trägt allerdings der Tatsache Rechnung, daß sich bei der Mehrzahl aller Aufnahmen das Hauptmotiv etwa in der Bildmitte befindet. Das ergibt dann die sogenannte mittenbetonte Integralmessung.

Daß Canon in der EOS eine weiterentwickelte und weitaus differenziertere Meßtechnik einsetzt, hat folgenden Grund: Die Integralmessung versucht nämlich, die Kontrastverhältnisse (das Verhältnis zwischen hellen und dunklen Bildpartien) auf einen für die Belichtung vertretbaren gemeinsamen Nenner zu bringen. Sie geht davon aus, daß sich helle und dunkle Bildpartien ausgleichen und einen mittleren Grauwert ergeben. Solange die Motivhelligkeit zwischen den Extremen Schwarz und Weiß annähernd gleichmäßig verteilt ist, liefert die Integralmessung auch richtige Ergebnisse.

Warum unterschiedliche Meßtechniken?

Dann gibt es aber Ausnahmen: Motive mit sehr hohem Kontrastumfang bzw. überwiegend hellen oder dunklen Bildpartien, Objekte in extrem heller Umgebung, Gegenlichtaufnahmen beispielsweise oder Menschen im Schnee; aber natürlich auch den umgekehrten Fall, zum Beispiel ein helles Gesicht vor einem dunklen Hintergrund. Der Kontrastumfang ist dann so hoch, daß der Film nicht mehr gleichzeitig helle wie dunkle Bildpartien wiedergeben kann. Die Detailzeichnung geht entweder in den Licht- oder in den Schattenpartien verloren. Die Belichtung muß dann mit Schwerpunkt auf das Hauptmotiv erfolgen. Das aber kann die Integralmessung nicht automatisch. Sie würde das helle Gesicht hoffnungslos überbelichten, weil sie den dunklen Hintergrund meßtechnisch überbewertet. Oder sie würde das Gegenlichtmotiv unterbelichten, weil sie die helle Sonne im Hintergrund in die Messung einbezieht und somit, bezogen auf das Hauptmotiv, zuviel Licht unterstellt. Und die Integralmessung ist generell schnell überfordert, wenn das Hauptmotiv nicht in der Bildmitte liegt.

Sie müssen korrigieren, Sie müssen sich letztlich entscheiden, in welchem Bildteil Sie eher auf Zeichnung verzichten können. Den naheliegendsten Ausweg bietet eine Ersatzmessung – vorzugsweise ein gezieltes Anmessen der bildwichtigsten Motivpartie oder eines vergleichbar hellen Ersatzmotivs über eine Nahmessung, um so die meßtechnisch unerwünschten Bildpartien auszuschalten. Ähnlich arbeitet auch die Mehrfeldmessung der EOS: Sie mißt das Licht in mehreren Bildbereichen, wertet die Einzelergebnisse aus und trifft so eine differenzierte Belichtungsentscheidung. Im Gegensatz zur Integralmessung tut sie das jedoch vollautomatisch. Das so ermittelte Meßergebnis muß (gleich ob es von der Integral- oder Mehrfeldmessung stammt) bis zur endgültigen Belichtung gespeichert bleiben. Diese Aufgabe übernimmt der Meßwertspeicher.

Eine elegante Alternative zur Integralmessung ist ein selektives Meßsystem mit engerem Meßwinkel zum gezielten Anmessen der bildwichtigsten Motivpartie. Die Selektivmessung der EOS berücksichtigt nur 6,5 Prozent des Gesamtbildes – ein zentraler Kreis im Sucher markiert diese Fläche und erlaubt so ein genaues Anpeilen des Motivausschnittes. Der entscheidende Vorteil gegenüber der geschilderten Ersatzmessung: Die Detailmessung kann direkt vom Kamerastandpunkt aus vorgenommen werden, also ohne den (ganz wörtlichen) Umweg einer Nahmessung. Der gemessene Wert muß selbstverständlich wieder gespeichert und erst bei der endgültigen Aufnahme zur Steuerung der Belichtung abgerufen werden.

Der Vorteil der Selektivmessung ist damit gleichzeitig ihr Nachteil: Sie kann zwar immer präzise Meßergebnisse liefern, setzt aber Können und Erfahrung voraus. Der Fotograf muß sich entscheiden, welches Detail er als belichtungsrelevant erachtet und für den Meßvorgang heranzieht. Die Selektivmessung galt deshalb lange als ausschließlich professionell – was natürlich Unsinn ist! Mit etwas Übung und Überlegung kann sie auch der Anfänger erfolgreich einsetzen.

2. Die Belichtung mit der EOS messen

Warum, um jetzt die eingangs gestellte Frage wieder aufzugreifen, überhaupt noch eine Selektivmessung, wenn schon die Mehrfeldmessung (und noch dazu automatisch) richtige Meßergebnisse liefert? Weil die Mehrfeldmessung zwar (verglichen mit der Integralmessung) gerade unter kritischen Lichtverhältnissen eine höhere Trefferquote garantiert, im Extremfall (der noch genauer definiert wird) aber doch nicht immer die richtige Entscheidung treffen kann. Canon hat die EOS deshalb mit einer Kombination ausgestattet, die sich ausgezeichnet ergänzt: die Mehrfeldmessung als vollautomatisches Meßsystem für die weit überwiegende Mehrzahl aller Aufnahmen und die Selektivmessung als anspruchsvolle Alternative für denjenigen, der es in Grenzfällen ganz genau wissen will.

Links Freihand-Aufnahme (⅛ s) in der Vollautomatik-Position – also ohne Belichtungskorrektur. Rechts Langzeitbelichtung (½ s) mit abgestützter Kamera und Selbstauslöser-Verzögerung. Aus einer Belichtungsreihe mit unterschiedlich abgestuften Minuskorrekturen, die die Abendstimmung verstärken

Automatisch richtig belichten mit der Mehrfeldmessung

Die Mehrfeldmessung der EOS versucht letztlich, die Vorteile der Integralmessung (problemlose Anwendung durch pauschale Bildbeurteilung) und der Selektivmessung (höhere Zuverlässigkeit durch selektive, also differenzierte Bildbeurteilung) zu kombinieren. Die Mehrfeldmessung bietet hohe Meßsicherheit ohne jeden Bedienungsaufwand. Sie bildet demzufolge das Basismeßsystem der EOS: Gleich für welche Art der Belichtungssteuerung Sie sich entschieden haben, welche Autofokus-Betriebsart Sie gewählt haben, gleich in welcher Position Sie den Hauptschalter stehen haben – die EOS arbeitet immer (und übrigens auch ohne daß sie Sie darauf hinweist) mit der Mehrfeldmessung. Nur wenn Sie das ausdrücklich nicht wollen, können Sie die Selektivmessung per Knopfdruck abrufen.

Damit Sie wissen, wann sich dieser Schritt lohnt, müssen Sie die Möglichkeiten und Grenzen der Mehrfeldmessung genau kennen (darauf beschränkt sich die nun folgende Beschreibung – eine de-

taillierte Funktionsbeschreibung finden Sie dagegen im Teil IX „Die Technik der EOS"). Die Mehrfeldmessung der EOS mißt nicht pauschal über die gesamte Bildfläche, sondern teilt das Meßfeld vom Zentrum zu den Bildrändern hin in drei separate Hauptmeßzonen auf. In der zentralen Meßzone ermittelt sie die Helligkeit des Hauptmotivs (das sie demzufolge im Bildzentrum voraussetzt), die zweite (reifenförmig um das Zentrum angelegte) Meßzone gibt Aufschluß über die Ausdehnung (Größe) des Hauptmotivs, die dritte wertet schließlich die Randpartien aus, setzt so das Hauptmotiv in Relation zur Hintergrundbeleuchtung und läßt dadurch auch generelle Rückschlüsse auf die Lichtsituation zu.

Die Mehrfeldmessung erkennt das Hauptmotiv

Voraussetzung ist natürlich, daß das Hauptmotiv während der Messung in der Bildmitte liegt. Und da sichert sich die EOS durch einen naheliegenden Trick ab: Sie koppelt die Mehrfeldmessung einfach mit dem Autofokus und mißt unmittelbar nach der Entfernungswertspeicherung. Denn zumindest für diesen Augenblick, setzt sie voraus, muß sich das Hauptmotiv zwangsläufig im Bildzentrum befinden – denn nur da kann es schließlich mit dem Autofokus-Meßfeld erfaßt werden. Unter dieser Voraussetzung kann die Mehrfeldmessung der EOS tatsächlich das belichtungsrelevante Hauptmotiv automatisch präzise ermitteln.

Mehrfeldmessung und „ONE SHOT"

Auch wenn diese Verknüpfungen vielleicht auf den ersten Blick etwas kompliziert aussehen – Sie müssen sie sich ja nicht merken. Sie müssen nur die richtigen Schlüsse ziehen, und die sind sehr einfach und überschaubar: Die Mehrfeldmessung – das ist das Entscheidende – ist auf die (sicherlich am häufigsten benutzte) Autofokus-Betriebsart „ONE SHOT" zugeschnitten. Solange Sie dem Autofokus Vorrang einräumen (weil Sie in dieser Betriebsart erst auslösen können, wenn scharfgestellt ist), können Sie auch der Mehrfeldmessung voll vertrauen. Sie visieren das Hauptmotiv kurz an, speichern durch leichten Druck auf den Auslöser den Entfernungs- und Belichtungswert gleichzeitig, bestimmen nun endgültig

70

den Ausschnitt und können davon ausgehen, daß Belichtung und Schärfe für die nun folgende Aufnahme wie gewünscht stimmen.

Belichtungsprobleme mit der Selektivmessung lösen

In der Selektivmessung mißt die EOS die Belichtung nur mehr innerhalb eines genau definierten Selektivmeßfeldes, das ungefähr 6,5 Prozent des Bildfeldes ausmacht und im Sucher durch einen zentralen Kreis deutlich markiert wird. Diesen Meßkreis finden Sie auch auf allen Wechsel-Einstellscheiben der EOS.
Sie müssen immer zunächst die für die Belichtung relevante Motivpartie in die Suchermitte rücken und mit dem Meßfeld anvisieren. Wenn Sie nun die Selektivmeßtaste drücken, zeigt ein Sternsymbol in der Sucheranzeige, daß die Selektivmessung aktiv ist. Der Selektivmeßwert bleibt gespeichert, solange Sie die Meßtaste gedrückt halten – sie dient also auch gleichzeitig als Meßwertspeicher. Bequemer ist es jedoch, den Selektivmeßwert über den Auslöser zu speichern. Sie müssen dazu nur, während Sie die Selektivmeßtaste drücken, den Auslöser antippen – und übernehmen damit über die Meßwertspeicher-Funktion des Auslösers den Selektivmeßwert. Er bleibt dann grundsätzlich (also auch in der Autofokus-Betriebsart „SERVO" und in der Filmtransport-Betriebsart „C" für Dauerlauf) gespeichert, solange Sie den Auslöser nicht wieder ganz loslassen.
Da die EOS grundsätzlich den gemessenen Lichtwert speichert (und nicht nur die aktuell angezeigte Zeit-Blenden-Kombination), können Sie natürlich auch (in den Belichtungsbetriebsarten „Av" und „Tv") nachträglich die Zeit- oder Blendenvorgabe ändern – der jeweils automatisch gebildete Wert paßt sich dann sofort entsprechend der Meßwertvorgabe an. Wenn Sie an der EOS die Belichtungsbetriebsart „M" vorgewählt haben. weil Sie Verschlußzeit und Blende manuell einstellen (und damit diese Belichtungsdaten ohnehin fixieren), erübrigt sich natürlich die Meßwertspeicher-Funktion. Bei „M" fehlt deshalb auch zunächst das Sternsymbol in der Sucheranzeige, wenn Sie die Selektivmeßtaste drücken. Erst wenn Sie die Blendeneinstelltaste drücken, um die Blende auf die vorgewählte Verschlußzeit abzustimmen, zeigt das Sternsymbol an, daß Sie nun auf Basis der Selektivmessung die Blende nachführen.

Selektivmessung und „SERVO"

Während die Mehrfeldmessung der EOS auf die Autofokus-Betriebsart „ONE SHOT" zugeschnitten ist, bietet die Selektivmessung Vorteile bei „SERVO". In der Autofokus-Betriebsart „SERVO" führt die EOS die Schärfe nach – sie speichert also einen einmal ermittelten Entfernungswert nicht, sondern paßt ihn immer automatisch einer veränderten Motiventfernung an. Der Mehrfeldmessung fehlt damit ein wesentlicher Anhaltspunkt – nämlich ein Meßzeitpunkt (unmittelbar nach dem Scharfstellen auf einen damit gleichzeitig abgespeicherten Entfernungswert), der sie zuverlässig über die Lage des Hauptmotivs informiert. Bei „SERVO" können Sie auch den Meßwert der Mehrfeldmessung nicht mehr speichern.

Bei „SERVO" (immer belichtungstechnisch kritische Motive voraus-

Durch die Selektivmessung auf die hellste Hintergrundpartie wird der Vordergrund unterbelichtet und nur mehr als Silhouette, aber scharf wiedergegeben – weil mit „ONE SHOT" auf den Vordergrund gespeichert. Entfernungs- und Belichtungsspeicherung also auf unterschiedliche Motivpartien („ONE SHOT" und Selektivmessung)

gesetzt, denn unter normalen Lichtverhältnissen sind die Unterschiede zwischen den beiden Meßarten nicht relevant) bietet die Selektivmessung also den grundsätzlichen Vorteil, einen (auf das Hauptmotiv bezogenen) Meßwert unabhängig von Schärfenachführung des Autofokus fest speichern zu können. Besonders wichtig ist das für schnelle Bildfolgen (also „SERVO", kombiniert mit der Filmtransportbetriebsart Dauerlauf). Sie speichern dann zunächst den Belichtungsmeßwert ab – und können sich anschließend voll auf die Bildfolge konzentrieren.

Selektivmessung und „ONE SHOT"

Auch der zweite grundsätzliche Vorteil der Selektivmessung ergibt sich aus der gleichzeitigen Speicherung des Mehrfeld- und des Autofokus-Meßwertes bei „ONE SHOT" – die Mehrfeldmessung belichtet dabei immer auf die Motivpartie, auf die Sie auch scharfstellen. In der Regel ist das auch richtig und sinnvoll. Es bedeutet aber eine Einschränkung, sobald Sie nicht mehr auf die belichtungsrelevante Motivpartie scharfstellen wollen – oder umgekehrt die Belichtung nicht mehr nach der Entfernungseinstellung ausrichten wollen. Dann bietet allein die Selektivmessung die Möglichkeit, Belichtung und Scharfstellen zu entkoppeln. Die Selektivmessung kann also auch bei „ONE SHOT" von Vorteil sein. Sie können so beispielsweise auf ein dunkles Motiv im Vordergrund scharfstellen, die Belichtung über die Selektivmessung aber auf den helleren Hintergrund ausrichten – so geben Sie den (bewußt unterbelichteten) Vordergrund nur mehr als scharfe Silhouette wieder. Schließlich können Sie die Selektivmessung (unabhängig von der Autofokus-Betriebsart) aber auch immer dann aktivieren, wenn Sie absolut sichergehen wollen, daß ein (von der durchschnittlichen Helligkeit stark abweichendes) Hauptmotiv richtig belichtet wird. Das wird vor allem bei extrem kontrastreichen Motiven der Fall sein, extremen Gegenlichtsituationen beispielsweise. Aber auch bei Motiven mit großem Himmelsanteil oder großen Schneeflächen, generell also bei Motiven mit einem großflächigen Hintergrund (der in seiner Helligkeit stark vom Hauptmotiv abweicht) können Sie durch die gezielte Selektivmessung die Belichtung genauer steuern.

IV. Teil

Die Belichtung steuern

Richtig belichten heißt zunächst, den Film mit der richtigen Lichtmenge zu versorgen. Die korrekte Messung deshalb als Ausgangsbasis und Voraussetzung, wie im Teil III beschrieben. Dann stellt sich aber die Frage, wie dieser Meßwert in „richtige" Verschlußzeiten- und Blendenwerte umgesetzt werden soll. Die Frage ist auf Wunsch schnell beantwortet, denn auch das erledigt die EOS vollautomatisch. Mit ihrer „intelligenten" Programmautomatik sogar ganz ausgezeichnet.
Warum dann überhaupt noch eine Zeit- oder Blendenautomatik? Und wozu die Schärfentiefeautomatik „Depth"? Was spricht gar dafür, Verschlußzeit wie Blende manuell einzustellen? Ganz einfach: Für die richtige Belichtung stehen immer mehrere Zeit-Blenden-Kombinationen zur Wahl. Mit der Blende bestimmen Sie zusätzlich die Schärfentiefe, mit der Verschlußzeit zusätzlich die Bewegungs(un)schärfe. Und die Brennweite dürfen Sie dabei auch nicht unberücksichtigt lassen. Wenn Sie also mit Verschlußzeit und Blende bewußt gestalten wollen, werden Sie nicht immer mit der Vorgabe der Programmautomatik zufrieden sein. Genau darum geht es jetzt: um Zeit und Blende und die Möglichkeiten, welche die darauf basierenden Betriebsarten bieten.

1. Grundlagen der Belichtungssteuerung

Die Lichtmenge, die durch das Aufnahmeobjektiv auf den Film fällt und ihn belichtet, läßt sich auf zweierlei Arten regulieren. Einmal durch die Dauer dieser Belichtung. Dazu hat die EOS unmittelbar vor der Filmebene einen Schlitzverschluß, der sich erst mit dem Druck auf den Auslöser für die Dauer der vorgewählten (oder automatisch ermittelten) Verschlußzeit öffnet. Ebenso wichtig ist die Intensität der Belichtung: Dazu haben die Objektive der EOS eine Blende mit verstellbarer Öffnung. Etwa vergleichbar der Pupille des

Fließende Bewegung mit langer, eingefrorene mit kurzer Verschlußzeit

menschlichen Auges, muß die Blende bei viel Licht weiter geschlossen („abgeblendet") und bei wenig Licht zunehmend geöffnet („aufgeblendet") werden. Sie können somit länger belichten und dafür stärker abblenden oder kürzer belichten und zum Ausgleich aufblenden – immer belichten Sie mit gleicher Lichtmenge. Sie können die passende Zeit-Blenden-Kombination also nach der Bildwirkung wählen, die von Zeit und/oder Blende ausgehen soll. Dazu müssen Sie erst einmal wissen, was Verschlußzeit und Blende genau bewirken.

Was die Verschlußzeit bewirkt

Es gibt eine international übliche Verschlußzeiten-Skala, an die sich selbstverständlich auch die EOS hält und auf der die Zeitabstufungen jeweils eine Halbierung (des vorangegangenen) bzw. Verdoppelung des (folgenden) Wertes bedeuten. Mit ½250 s belichten Sie beispielsweise doppelt so lange wie mit ½500 s. Oder mit ½2000 s nur halb so lange wie mit ½1000 s. Daß dieses Schema in zwei Fällen nicht exakt stimmt (auf ½8 s folgt ½15 s und auf ½60 s folgt ½125 s), ändert nichts am Wert dieser grundsätzlichen Abstufung.

Der extrem breite Verschlußzeitenbereich der EOS reicht von ½₀₀₀ s (kürzeste Verschlußzeit) bis zu vollen 30 s (hier hört der manuell einstellbare Verschlußzeitenbereich auf, und längere Zeiten werden auch automatisch nicht eingesteuert). Über die Möglichkeit, in der Funktion „bulb" beliebig lange zu belichten, erfahren Sie bei der EOS-Nachführmessung mehr. Die EOS bietet Ihnen zur präziseren Verschlußzeitenvorwahl zusätzlich die Möglichkeit, auch Halbstufen einzustellen: Zwischen den Normwerten der Skala weist sie immer einen weiteren Einstellwert auf – zum Beispiel zusätzlich ⅟₁₈₀ s zwischen ⅟₁₂₅ s und ½₅₀ s. Wichtig ist zunächst auch noch, daß die EOS in ihren Anzeigen (auf dem Gehäuse wie im Sucher) aus Platzgründen die Sekundenbruchteile auf ganze Zahlen ohne Sekundenangabe reduziert: Statt ⅟₁₂₅ s zeigt sie nur „125" an. Zur Unterscheidung markiert sie dafür volle Sekunden mit zwei Apostrophen: statt 4 s also 4".

Verschlußzeit und Verwacklungsgefahr

Ausschlaggebend für die Verschlußzeitenwahl ist zunächst die Verwacklungsgefahr. Je länger die Verschlußzeit, desto größer die Gefahr, daß Sie die Kamera während der Belichtung verreißen und so die Aufnahme verwackeln. Daß diese Verwacklungsgefahr mit längeren Brennweiten zunimmt, ist plausibel. Je länger die Brennweite und je enger damit der Bildwinkel, desto fataler müssen sich schon minimale Kameraerschütterungen während der Belichtung auswirken. Eine Faustregel besagt, daß die längste Belichtungszeit, mit der Sie noch sicher aus der Hand fotografieren können, dem Kehrwert der Brennweite entspricht: Für das Normalobjektiv mit 50 mm Brennweite wäre das ⅟₅₀ s, abgerundet auf die Verschlußzeiten-Skala ⅟₆₀ s bzw. der bei der EOS mögliche Zwischenwert ⅟₄₅ s. Bei einem 200-mm-Teleobjektiv müssen Sie dagegen (aufgerundet) ½₅₀ s bzw. mindestens die von der EOS wiederum zusätzlich angebotene ⅟₁₈₀ s einstellen. Die Faustregel besagt weiterhin, daß

Die kürzeste Verschlußzeit der EOS (¹/₂₀₀₀ s) reicht aus, um den Sprung scharf einzufangen. Belichtung (Selektivmessung auf das Gesicht) und Schärfe wurden manuell vorgewählt

die 1/30 s den Freihandbereich endgültig limitiert – obwohl der Kehrwert extrem kurzer Brennweiten noch längere Verschlußzeiten aus der Hand zulassen würde.

Fassen Sie diese Faustregeln als wertvolle Orientierungshilfe auf, klammern Sie sich aber nicht sklavisch an sie. Schließlich hängt die Freihandgrenze auch von ihrer ruhigen Hand sowie einem möglichst erschütterungsfreien Ablauf aller Funktionen innerhalb der Kamera ab. Die EOS bringt diesbezüglich jedenfalls ermutigende Voraussetzungen mit: Sie läuft „seidenweich" mit nur minimalen Erschütterungen ab. Und sie schmiegt sich mit ihrem ergonomischen Design förmlich in die Hand und fördert so eine ruhige, sichere Kamerahaltung. Mit etwas Übung und einer festen Unterlage zum Abstützen dürfen Sie mit der EOS auch beträchtlich längere Verschlußzeiten aus der Hand riskieren. Daß die Selbstauslöserfunktion dann das Verwacklungsrisiko weiter mindert, wurde bereits im Teil II unter Filmtransportbetriebsarten beschrieben. Geizen Sie im Freihand-Grenzbereich aber bitte nicht mit jeder Aufnahme, und riskieren Sie zur Sicherheit lieber eine, zwei Belichtungen mehr. Daß Sie für längere Belichtungszeiten nicht mehr ohne Stativ auskommen, wissen Sie.

Mit der Verschlußzeit Bewegung fotografieren

Nachdem Sie nun über die Verwacklungsgefahr Bescheid wissen, können Sie anfangen, die Verschlußzeit als Gestaltungsmittel einzusetzen. Bewegung läßt sich nämlich fotografieren, Fotos können Bewegung anschaulich vermitteln. Schnelle Verschlußzeiten erfassen das Wesentliche eines Bewegungsablaufes auch dann noch in Sekundenbruchteilen, wenn das menschliche Auge längst nicht mehr folgen kann. Das bewegte Motiv wird in allen Einzelheiten scharf abgebildet, die Bewegung buchstäblich „eingefroren". Aber auch das andere Extrem ist möglich: Sie können Bewegung mit längeren Verschlußzeiten fließend darstellen, als Wischeffekt zeigen. Verwechseln Sie diese Bewegungsunschärfe aber nicht mit der Verwacklungsunschärfe. Und auch nicht mit einer weiteren Möglichkeit, Bewegung darzustellen: Sie können die EOS nämlich auch mit der Bewegung mitziehen – der Hintergrund löst sich dann in scharfen Streifen auf und sorgt so für Dynamik.

Mit kurzen Verschlußzeiten frieren Sie Bewegung ein. Wie kurz die Verschlußzeit tatsächlich sein muß – erschrecken Sie jetzt bitte nicht, es sieht zunächst komplizierter aus, als es tatsächlich ist –, hängt von mehreren Voraussetzungen ab. Einmal natürlich von der Motivgeschwindigkeit (je schneller es sich bewegt, desto kürzer die erforderliche Verschlußzeit), dann aber auch von der Motiventfernung (je näher, desto höher die relative Geschwindigkeit und desto kürzer wiederum die Verschlußzeit). Vergessen Sie dabei auch nicht: Je länger die Brennweite, desto (scheinbar) näher das Motiv und desto kürzer die Verschlußzeit. Schließlich spielt auch die Bewegungsrichtung des Motivs eine entscheidende Rolle: Bewegung frontal auf die Kamera zu ist relativ langsamer als Bewegung, die quer durch das Bild verläuft (je größer also der Winkel der Bewegungsrichtung zur Kamera, desto kürzer die Verschlußzeit).

Wenn ein Radfahrer beispielsweise direkt auf Sie zufährt, dürfte $1/250$ s ausreichen, um ihn scharf abzubilden. Wenn er nahe an Ihnen vorbeifährt, reicht dagegen selbst $1/500$ s nicht mehr – stellen Sie dann zur Sicherheit lieber $1/1000$ s ein. Fährt er dagegen in einiger Entfernung vorbei, genügt wieder eine längere Verschlußzeit.

Verschlußzeiten zum Einfrieren von Bewegung

Motiv-Geschwindigkeit	Motiv-Entfernung	Bewegungsrichtung zur Kamera		
		frontal	schräg	quer
Langsame Bewegung (bis 10 km/h)	5 m	1/60 s	1/125 s	1/250 s
	10 m	1/30 s	1/60 s	1/125 s
	20 m	1/15 s	1/30 s	1/60 s
Schnelle Bewegung (über 10 km/h)	10 m	1/250 s	1/500 s	1/1000 s
	20 m	1/125 s	1/250 s	1/500 s
	30 m	1/60 s	1/125 s	1/250 s

Die vorgeschlagenen Belichtungszeiten sind Mindest-Verschlußzeiten und gelten für das Standardobjektiv (50 mm Brennweite). Bei längeren Brennweiten sind entsprechend kürzere Verschlußzeiten notwendig.

Zweimal Wischeffekt mit langer Verschlußzeit: Riesen-
rad-Aufnahme ohne Belichtungskorrektur mit Blendenautomatik (¼ s als Verschlußzeit vorgewählt) vom
Stativ, Karussell-Aufnahme wieder mit Blendenautomatik (¹/₁₅ s vorgewählt) aus der Hand

Detaillierte Vorschläge für Mindestverschlußzeiten zum Einfrieren von Bewegung finden Sie in der Tabelle Seite 79 – kürzere als die angegebenen Zeiten kommen natürlich ebenso in Frage. Daß die EOS mit ihrer schnellen $\frac{1}{2000}$ s beste Voraussetzungen für diese Aufnahmetechnik mitbringt, steht außer Zweifel.

Trotzdem ist Bewegung nicht ausschließlich eine Domäne kurzer Verschlußzeiten. Je kürzer nämlich die Verschlußzeit, desto weiter entfernt sich das Bildergebnis vom visuellen Eindruck. $\frac{1}{2000}$ s kann zwar die rauschende Fontäne eines Wasserfalls in einzelne, scharfe Tropfen zerlegen – dem visuellen Eindruck fließenden Wassers wird das Bild aber dann nicht mehr gerecht. Atmosphäre geht verloren! Die Alternative sind lange Verschlußzeiten. Denn auch so können Sie Bewegung darstellen: Sie wählen eine Verschlußzeit zwischen $\frac{1}{4}$ s und $\frac{1}{30}$ s vor (die EOS haben Sie auf einem Stativ befestigt), mit der Sie zwar die Umgebung gestochen scharf abbilden – der Radfahrer saust aber als unscharfer Farbwischer durch das Bild. Und die Fontäne wird zu einem milchigweißen Nebel. Sie müssen exakt dann auslösen, wenn das Motiv im Sucher der EOS erscheint. Dringend zu empfehlen sind Farbfilme, die Bewegung als reizvoll verwischte Farbflächen und Striche aufzeichnen. Ideal auch für Bewegungsaufnahmen in der Nacht – Fahraufnahmen zum Beispiel vom sich drehenden Karussell. Je länger die Verschlußzeit innerhalb des angeführten Bereichs, desto stärker natürlich der Wischeffekt.

Eine zweite Variante des Wischeffekts erreichen Sie, wenn Sie die EOS in Bewegungsrichtung mitziehen. Das sich bewegende Motiv, der Radfahrer zum Beispiel, bleibt dann gewissermaßen zur Kamera stationär, während der Hintergrund in Bewegungsunschärfe verschwimmt. Sie visieren dazu den Radfahrer im Sucher der EOS bereits an, wenn er noch weiter entfernt ist, schwenken weich in Fahrtrichtung mit und lösen aus, wenn er den gewünschten Aufnahmestandpunkt passiert. Die Verschlußzeit hängt von der Geschwindigkeit und Entfernung des Motivs ab, sollte sich aber zwischen $\frac{1}{30}$ s und $\frac{1}{125}$ s bewegen. Eine vergleichbare Bildwirkung mit unscharfem Hintergrund erreichen Sie, wenn Sie den Radfahrer aus einem fahrenden Auto aufnehmen. Diese Aufnahmetechnik bietet sich auch als „Notlösung" an, wenn das Licht nicht ausreicht, um Bewegung mit extrem kurzen Verschlußzeiten einzufrieren.

Was die Blende bewirkt

Mit der Verschlußzeit können Sie also Bewegung fotografieren. Mit der Blende steuern Sie dagegen „nur" die Schärfentiefe – das klingt nicht spektakulär, bestimmt aber die Bildwirkung wesentlich mit. Zunächst regulieren Sie mit der Blende aber die Belichtungsintensität: Wenn Sie abblenden (die Blende schließen), drosseln Sie den Lichteinfall, wenn Sie aufblenden (die Blende öffnen), lassen Sie mehr Licht einfallen. Auch für die Blendeneinstellung gibt es eine international normierte Skala, auf der (analog zur Verschlußzeiten-Skala) jeder Zahlensprung eine Verdoppelung (bzw. Halbierung) der Lichtzufuhr bedeutet.

Blende und Belichtungsintensität

Die normierte Blendenskala umfaßt (bezogen auf die EOS-Wechselobjektive) folgende Werte: 1,0 – 1,4 – 2 – 2,8 – 4 – 5,6 – 8 – 11 – 16 – 22 – 32. Je größer die Blendenzahl, desto kleiner die Blendenöffnung. Und mit jedem Blendensprung wird die Lichtmenge immer halbiert bzw. verdoppelt: Blende 11 bedeutet demnach gegenüber Blende 16 eine Verdoppelung des Lichteinfalls, aber auch der Sprung von Blende 1,4 auf Blende 1,0 hat eine doppelte Belichtungsintensität zur Folge. Das ist sehr praktisch, weil Sie so Blendenänderungen exakt durch eine entsprechend veränderte Verschlußzeit ausgleichen können (bzw. umgekehrt). Statt 1/1000 s und Blende 4 können Sie ebenso 1/500 s und Blende 5,6 oder auch 1/30 s und Blende 22 einstellen – immer wird der Film mit derselben Lichtmenge belichtet.

Analog zur Verschlußzeiteinstellung bietet Ihnen die EOS auch bei der Blende die Möglichkeit, jeweils zusätzlich Zwischenwerte einzustellen. Beim Standardobjektiv 1,8/50 mm haben Sie so beispielsweise folgende Blendenskala zur Verfügung: 1,8 – 2,0 – 2,5 – 2,8 – 3,5 – 4 – 4,5 – 5,6 – 6,7 – 8,0 – 9,5 – 11 – 13 – 16 – 19 – 22.

Strenggenommen sind die Blendenzahlen übrigens Verhältniszahlen (nämlich der Quotient aus effektivem Öffnungsverhältnis und Objektivbrennweite – das müssen Sie sich aber nicht merken), und exakt müßte es deshalb eigentlich nicht Blende 8, sondern Blende 1:8 heißen. Je kleiner die Blendenöffnung, desto kleiner die vollständige Blendenzahl. Die übliche Sprachregelung, die auch die EOS für ihre Blendenanzeige im Sucher und auf dem Gehäuse-Display übernimmt, kürzt diese Verhältniszahlen einfach ab. Sie müssen sich deshalb mit der zunächst paradox wirkenden Tatsache abfinden, daß große Blendenzahlen kleine Blendenöffnungen (und umgekehrt) bedeuten. Blende 8 (das nur zu Ihrer Beruhigung) bleibt aber immer Blende 8 – gleich ob Sie ein Weitwinkelobjektiv mit 28 mm Brennweite oder ein Teleobjektiv mit 300 mm Brennweite verwenden.

Blende und Schärfentiefe

Damit aber zu der bereits angesprochenen Schärfentiefe. Was bedeutet Schärfentiefe (es gibt dafür auch die etwas altmodische Bezeichnung „Tiefenschärfe") eigentlich genau? Wenn Sie das Objektiv auf eine bestimmte Entfernung scharfstellen (die sogenannte Einstellebene), werden nur die exakt in dieser Ebene liegenden Punkte auf dem Film absolut scharf abgebildet. Nur die von diesen Punkten reflektierten Lichtstrahlen treffen nämlich exakt auf der Filmoberfläche zusammen. Alle anderen Strahlen haben ihren Schnitt- oder Brennpunkt vor (bei weiter entfernten Punkten) oder hinter (bei näher gelegenen Punkten) der Filmoberfläche.
Diese Strahlen werden als Kreise (sogenannte Zerstreuungskreise) abgebildet – also letztlich unscharf. Je weiter sich die Punkte von der Einstellebene entfernen, desto größer die Zerstreuungskreise und damit die Unschärfe. Die Schärfe (der Einstellebene) geht somit kontinuierlich in eine immer stärkere Unschärfe über. Schärfe verliert sich allmählich, und das Auge paßt sich dieser abnehmenden Schärfe an, weil es Zerstreuungskreise – wenn sie nur klein genug sind – als Punkte akzeptiert. Schärfentiefe ist somit letztlich tolerierte Unschärfe. Nur zur Ergänzung: Die Grenzen des Schärfentiefenbereichs hat man per Definition abgesteckt – 1/30 mm Zerstreuungskreisdurchmesser auf dem Film gilt als gerade noch scharf.
Je kleiner nun die Blendenöffnung, desto größer die Schärfentiefe. Warum das so sein muß, können Sie sich anschaulich so vorstellen: Mit kleineren Blendenöffnungen wird der durch das Objektiv einfallende Lichtkegel zunehmend beschnitten und enger – und da-

mit natürlich auch der Zerstreuungskreis kleiner. Durch Abblenden lassen sich also der Durchmesser des Zerstreuungskreises reduzieren und der Schärfeneindruck steigern. Das erklärt auch eine weitere Eigenart der Schärfentiefe plausibel. Auch mit zunehmender Entfernung (und damit zunehmend parallel und in einem engeren Kegel einfallenden Lichtstrahlen) nimmt die Schärfentiefe zu: Je größer der Aufnahmeabstand (die Entfernung des Motivs), desto größer die Schärfentiefe, je näher das Motiv, desto geringer der als scharf empfundene Bereich. Daraus folgt auch zwingend, daß sich die Schärfentiefe nicht gleichmäßig vor und hinter der Einstellebene ausdehnen kann, sondern sich schwerpunktmäßig (im Verhältnis 10:7) im hinteren, also entfernteren Teil „breitmachen" muß.

Mit näherer Entfernungseinstellung nimmt übrigens auch der sogenannte Abbildungsmaßstab zu, also das Verhältnis zwischen Gegenstands- und Bildgröße (im Klartext: das Verhältnis zwischen der natürlichen und der auf dem Film abgebildeten Größe des Motivs). Dieser Zusammenhang erklärt zudem, warum die Schärfentiefe mit längeren Brennweiten wieder abnehmen muß – schließlich nimmt auch der Abbildungsmaßstab mit längeren Brennweiten zu.

Das alles scheint auf den ersten Blick kompliziert – komplizierter, als es tatsächlich ist. Sie sollten sich diese Zusammenhänge zumindest in den Grundzügen einprägen. Auch wenn ich mich wiederhole: Mit der Schärfentiefe werden Sie immer wieder konfrontiert – spätestens dann, wenn Sie sich Wechselobjektive kaufen oder Nahaufnahmen machen wollen. Schließlich haben sich auch die Konstrukteure der EOS zur Schärfentiefe einiges einfallen lassen: eine (konkurrenzlos vielseitige) Abblendtaste und eine geradezu geniale Schärfentiefenautomatik. Doch davon später mehr. Noch wissen Sie ja nicht einmal, wie Sie die Schärfentiefe mit Hilfe der Blende am besten steuern sollen.

Selektive Schärfentiefe

Ob Sie eine Szene mit großer Schärfentiefe – Schärfe möglichst von vorne bis hinten – oder geringer Schärfentiefe – selektive Schärfe auf bestimmte Bildpartien – abbilden wollen, hängt vom Motiv wie Ihrer Interpretation ab. Maximale Schärfentiefe garantiert maximale Bildinformation. Das kann wichtig sein, wenn Sie bei

Selektive Schärfentiefe durch große Blendenöffnung beim Kinderporträt wie der Blütenaufnahme – beide Aufnahmen mit Zeitautomatik

einer Landschafts- oder Innenraumaufnahme oder von einer Straßenszene möglichst viele Einzelheiten zeigen wollen. Wenn Sie Nähe und Ferne gleichzeitig scharf abbilden wollen. Oder wenn Sie eine möglichst sachliche Abbildung anstreben, bei Sach- und Architekturaufnahmen zum Beispiel. Daß die Schärfentiefe durch Abblenden, mit größerer Aufnahmeentfernung und kürzeren Brennweiten zunimmt, wissen Sie bereits.

Wenn Sie sich dagegen für eine geringe Schärfentiefe entscheiden, treffen Sie für den Bildbetrachter gleichsam eine Vorauswahl: Sie betonen bestimmte Bildelemente und drängen das unscharfe Umfeld zurück. Diese selektive Schärfe ist wichtig, wenn im Vorder-

oder Hintergrund ablenkende Details „verschwinden" sollen. Wenn Sie unerwünschte Einzelheiten bis zur Unkenntlichkeit in Unschärfe auflösen wollen oder ihre Umrisse kaum noch erkennbar bleiben sollen. Domäne der selektiven Schärfe ist deshalb das Porträt: Wenn Sie auf das Gesicht (präziser: auf die Augen) scharfstellen, konzentrieren Sie die Schärfe auf den Kopf und lösen unruhige Flächen im Hintergrund, die den Bildaufbau nur stören würden, in Unschärfe auf. So können Sie auch eine Personengruppe aus einer Menschenmenge isolieren. Sehr reizvoll kann selektive Schärfe auch bei Farbaufnahmen wirken, wenn Sie Blumen oder Zweige unmittelbar vor dem Objektiv als kaum mehr erkennbare, impressionistische Farbtupfer in den Bildaufbau miteinbeziehen.

Selektive Schärfe – also die richtige Dosierung der Schärfe – gilt als klassisches Element der kreativen Fotografie. Vermutlich (und ohne jetzt philosophieren zu wollen) deshalb, weil sie eine typisch fotografische Sicht der Dinge widerspiegelt, weil das bewußte Wahrnehmen von Unschärfe im Gegensatz zu unseren sonstigen Sehgewohnheiten steht. Daß die Schärfentiefe durch Aufblenden, mit kürzerer Aufnahmeentfernung und längeren Brennweiten abnimmt, muß ich nicht ausführlich in Erinnerung rufen.

Die Funktion der Abblendtaste

Jetzt wissen Sie zwar, daß Sie über die Blendeneinstellung mit der Schärfe „spielen" können – aber wie sollen Sie die mit jeder Blendeneinstellung wechselnde Schärfenausdehnung kontrollieren? Der Sucher der EOS zeigt schließlich immer nur die extrem selektive Schärfe der größten Blendenöffnung – weil die EOS vorrangig an einem möglichst hellen Sucherbild interessiert ist und erst im Moment der Auslösung den aktuellen (gleich ob vorgewählten oder automatisch gebildeten) Blendenwert einsteuert.

Über die Abblendtaste bietet Ihnen die EOS deshalb die Möglichkeit, die Objektivblende auf den aktuellen Blendenwert zu schließen – gleichgültig wiederum, ob Sie diesen manuell vorgewählt haben oder ob es sich um einen automatisch eingesteuerten handelt. So können Sie jederzeit im Sucher die Schärfentiefe visuell kontrollieren. Natürlich muß damit auch das Sucherbild abdunkeln – je weiter Sie die Blendenöffnung schließen, desto stärker.

2. Die Belichtungsbetriebsraten der EOS

Die EOS bietet Ihnen insgesamt fünf Belichtungsbetriebsarten: Programmautomatik („P"), Blendenautomatik („Tv"), Zeitautomatik („Av"), manuelle Nachführmessung („M") – und schließlich die einzigartige Schärfentiefeautomatik „Depth". Alle haben ihre Vorteile, aber auch Schwächen – und es ist deshalb wichtig, daß Sie sie richtig und gezielt nach Ihren Vorstellungen einsetzen. Während Sie die „MODE"-Taste drücken, können Sie über das Einstellrad die Belichtungsbetriebsart vorwählen, die dann auch im Display angezeigt wird.

Die Programmautomatik („P")

Mit der Programmautomatik („P") setzt die EOS den Belichtungsmeßwert automatisch in eine Zeit-Blenden-Kombination um, wobei sie sich nach einem bestimmten Programmverlauf richtet. Sie müssen sich also weder um die Verschlußzeit noch um die Blende kümmern – können andererseits aber auch keinen Einfluß auf diese Belichtungsdaten nehmen. In der Vollautomatik-Position des Hauptschalters ist die EOS ausschließlich auf Programmautomatik programmiert.
Entscheidendes Kriterium für den Programmverlauf sind zunächst immer die Verwacklungsgefahr und damit eine Mindestverschlußzeit, die die EOS automatisch brennweitenabhängig ermittelt. Die EOS stimmt also den Programmverlauf immer (sogar während des Zoomens verändert sie so die Belichtungsdaten) auf die Brennweite ab – deshalb auch „intelligente" Programmautomatik (ausführlicher wird der Programmverlauf im Teil IX beschrieben).
Die Programmautomatik der EOS warnt Sie brennweitenabhängig (in den entsprechenden Hauptschalter-Positionen) akustisch vor Verwacklungsgefahr und über blinkende Verschlußzeiten- und Blendenwerte in der Sucheranzeige wie im Display vor Unter- bzw. Überbelichtungsgefahr. Die Programmautomatik können Sie schlicht und einfach immer dann vorwählen, wenn Sie weder die Verschlußzeit noch die Blende bewußt nach gestalterischen Gesichtspunkten einsetzen wollen, wenn Sie also mit „normalen" Zeit-Blenden-Kombinationen auskommen.

Die Blendenautomatik („Tv")

Bei der Blendenautomatik („Tv") wählen Sie die Verschlußzeit vor, und die EOS steuert dazu automatisch die zum Belichtungsmeßwert passende Blende ein. Sie können jeden Verschlußzeitenwert (auch die Zwischenwerte) von der ½₀₀₀ s bis zu vollen 30 Sekunden vorwählen. Die Zeitautomatik ist immer auf ¹⁄₁₂₅ s voreingestellt, wenn Sie sie aktivieren. Die akustische Verwacklungswarnung entfällt in dieser Betriebsart grundsätzlich, weil die EOS davon ausgeht, daß Sie die für eine verwacklungsfreie Aufnahme zu lange Verschlußzeit bewußt vorgewählt haben.
Die EOS korrigiert die vorgewählte Verschlußzeit nie automatisch. Auch dann nicht, wenn der Blendenbereich nicht mehr für eine korrekte Belichtung ausreicht. Wenn Sie beispielsweise die Verschlußzeit so kurz vorgewählt haben, daß selbst die größte Blendenöffnung keine korrekte Belichtung mehr ergeben würde, warnt Sie lediglich der blinkende Wert für die größtmögliche Blendenöffnung in der Sucheranzeige und im Display vor der drohenden Unterbelichtung – Sie müssen dann eine längere Verschlußzeit vorwählen. Umgekehrt warnt der blinkende Wert für die kleinste Blendenöffnung vor Überbelichtung – Sie müssen dann eine zu lange Verschlußzeit zugunsten einer kürzeren korrigieren.
Die Blendenautomatik ist immer dann ideal, wenn Sie „Bewegung fotografieren" wollen und damit die Verschlußzeit bewußt vorwählen müssen. Gleich, ob Sie mit extrem kurzen Verschlußzeiten Bewegung „einfrieren" oder mit langen Zeiten Bewegung fließend darstellen wollen.

Die Zeitautomatik („Av")

Bei der Zeitautomatik („Av") wählen Sie die Blende vor, und die EOS steuert dazu automatisch die zum Belichtungsmeßwert passende Verschlußzeit ein. Sie können von der größten bis zur kleinsten Blendenöffnung auch jeden Zwischenwert vorwählen. Die Zeitautomatik ist immer auf Blende 5,6 voreingestellt, wenn Sie sie aktivieren. Je nach Hauptschalter-Position warnt Sie die EOS in dieser Betriebsart akustisch (und wieder brennweitenabhängig) vor Verwacklungsgefahr.

*Blendenautomatik
mit gezielter Ver-
schlußzeiten-Vor-
wahl: Die kurze Ver-
schlußzeit friert die
Bewegung ein, ein
„Speed"-Trickfilter
bringt zusätzlich
dynamischen
Wischeffekt*

*Zeitautomatik mit
bewußter Blenden-
vorwahl: Die kleine
Blendenöffnung
sorgt für die ge-
wünschte Schärfen-
tiefe über den
gesamten Motiv-
bereich*

Die EOS korrigiert die vorgewählte Blende auch dann nicht automatisch, wenn der Verschlußzeitenbereich nicht mehr für eine korrekte Belichtung ausreicht. Wenn der Wert für die längste Verschlußzeit in der Sucheranzeige wie im Display blinkt (30"), warnt Sie die EOS vor Unterbelichtung – Sie müssen dann eine größere Blendenöffnung vorwählen. Blinkt umgekehrt der Wert für die kürzeste Verschlußzeit („2000"), so droht Überbelichtung, und Sie müssen die vorgewählte Blende zugunsten einer kleineren Blendenöffnung korrigieren.

Die Zeitautomatik ist immer dann ideal, wenn Sie über die Blendenvorwahl die Schärfentiefe beeinflussen wollen. Wenn Sie bewußt mit der selektiven Schärfentiefe großer Blendenöffnungen gestalten oder über kleine Blendenöffnungen den Schärfentiefenbereich erweitern wollen. Im Sucher können Sie dazu die Schärfentiefe immer visuell kontrollieren, wenn Sie die Abblendtaste drücken.

Die Schärfentiefeautomatik „Depth"

„Depth" ist im Grunde mehr als „nur" eine Belichtungsbetriebsart, weil sie auch auf den Möglichkeiten des Autofokus basiert und die Entfernungseinstellung automatisch mitübernimmt. Wenn Sie einen genau festgelegten Bereich (der in einer jeweils genau festgelegten Entfernung beginnen und wieder aufhören soll) scharf wiedergeben wollen, müssen Sie der EOS lediglich diese Bereichsgrenzen mitteilen – den Rest (die Entfernung, die Blende und die Verschlußzeit) erledigt „Depth" vollautomatisch. „Depth" steuert also automatisch (und zudem effektiver, als Sie es manuell könnten) die für einen bestimmten Schärfentiefebereich notwendige Entfernungs- und Blendeneinstellung (und davon abhängig wiederum die Verschlußzeit). Insofern ist die Bezeichnung Schärfentiefeautomatik zwar strenggenommen nicht ganz korrekt, aber letztlich doch berechtigt.

Sie müssen sich zunächst für einen bestimmten Bereich entscheiden, den Sie scharf abbilden wollen. Der beispielsweise vom Hauptmotiv im Vordergrund bis zu einer weiter entfernten Motivpartie reichen soll. Dann visieren Sie mit dem Autofokus-Meßfeld zunächst das nahe Hauptmotiv an und drücken auf den Auslöser (Sie können ihn auch ganz durchdrücken, weil sich die EOS vorläufig nicht auslösen läßt, müssen ihn aber wieder völlig freigeben). In den Anzeigen erscheint jetzt „dEP 1", und das akustische Autofokus-Signal ertönt kurz. Sie haben der EOS nun mitgeteilt, wo der Schärfentiefebereich beginnen soll.

Jetzt visieren Sie mit dem Autofokus-Meßfeld die weiter entfernte Motivpartie an und drücken kurz auf den Auslöser – in den Anzeigen erscheint „dEP 2", und das Autofokus-Signal ertönt wiederum kurz. Sie haben der EOS damit mitgeteilt, wo der Schärfentiefebereich aufhören soll. Wenn Sie nun den Auslöser wieder antippen, erscheinen die Belichtungsdaten in der Sucheranzeige und im Display – der Auslöser ist für die Belichtung mit dem gewünschten Schärfenbereich freigegeben (im Teil IX können Sie detailliert nachlesen, wie „Depth" arbeitet).

Bei den Warnanzeigen im Sucher und auf dem Display müssen Sie unterscheiden, ob Verschlußzeit und Blende blinken (dann droht Unter- oder Überbelichtungsgefahr) oder ob nur der Blendenwert blinkt – dann belichtet die EOS zwar korrekt, teilt Ihnen aber mit, daß sie den gewünschten Schärfentiefebereich selbst mit der kleinsten Blendenöffnung (also trotz der maximal möglichen Schärfentiefe) nicht realisieren konnte (weil Sie beispielsweise die Brennweite zu lang oder den Aufnahmeabstand zu kurz gewählt haben). In den entsprechenden Hauptschalter-Positionen warnt „Depth" akustisch vor Verwacklungsgefahr. Während der Einstellphase dürfen Sie übrigens bei Zoom-Objektiven die Brennweiteneinstellung nicht mehr nachträglich verändern.

„Depth" arbeitet in beiden Autofokus-Betriebsarten identisch und bietet Ihnen über die Selektivmessung zusätzlich die Möglichkeit, die Belichtung gezielt auf das Hauptmotiv abzustimmen (Sie müssen dazu allerdings die Selektivmeßtaste gedrückt halten, weil der Auslöser bei „Depth" natürlich seine Meßwertspeicher-Funktion nicht mehr wahrnehmen kann). Allein blitzen können Sie mit „Depth" nicht – die EOS wechselt dann automatisch auf die Blitzprogrammautomatik über.

Theoretisch könnten Sie „Depth" natürlich auch zwei gleich weit entfernte Punkte als Bereichsgrenzen vorgeben („Depth" würde dann lediglich zu dieser Entfernung die größte Blendenöffnung einsteuern, um so den Schärfentiefebereich möglichst gering zu halten) – praktisch erreichen Sie diese be Bildwirkung aber schneller

und bequemer mit der Zeitautomatik. Insofern machen sich die Zeitautomatik und „Depth" auch keine Konkurrenz: Mit der Zeitautomatik gestalten Sie schnell und bequem vor allem mit selektiver Schärfe, „Depth" werden Sie dagegen aktivieren, wenn Sie einen fest vorgegebenen Bereich möglichst präzise und mit der effektivsten Entfernungs- und Blendeneinstellung scharf abbilden wollen.

Manuelle Nachführmessung („M")

Die manuelle Nachführmessung („M") ist die einzige Belichtungsbetriebsart, in der die EOS nicht automatisch richtig belichtet. Sie können Verschlußzeit wie Blende (jeweils wieder mit sämtlichen Zwischenwerten) frei vorwählen. Wenn Sie „M" aktivieren, sind $1/125$ s und Blende 5,6 voreingestellt. Über das Einstellrad können Sie nun zunächst nur die Verschlußzeiteneinstellung verändern. Erst wenn Sie die Blendeneinstelltaste gedrückt halten, verändern Sie – wiederum über das Einstellrad – den Blendenwert.

So können Sie zunächst die Belichtung beliebig steuern, also auch bewußt fehlbelichten. Sie können aber auch – immer nur ausgehend von der vorgewählten Verschlußzeit – die Blende nachführen, also auf den vom Meßsystem (gleich ob Mehrfeld- oder Selektivmessung) ermittelten Meßwert abstimmen (letztlich also das manuell übernehmen, was die Blendenautomatik automatisch für Sie erledigt). Sobald Sie hierfür die Blendeneinstelltaste drücken, erscheint in den Anzeigen zusätzlich zum eingestellten Blendenwert entweder „CL" (Sie müssen die Blende dann weiter schließen) oder „OP" (Sie müssen die Blende weiter öffnen) oder schließlich „oo" – jetzt erst haben Sie die Blende so auf die vorgewählte Verschlußzeit abgestimmt, daß die EOS wieder korrekt belichtet. Und zwar auf Basis des von der Mehrfeldmessung ermittelten Meßwertes – wenn Sie auf der (genaueren) Grundlage des Selektivmeßwertes nachführen wollen, müssen Sie nur die Selektivmessung vorher aktivieren.

Neben der Möglichkeit, im Interesse einer bestimmten Lichtwirkung bewußt fehlzubelichten, bietet sich die Nachführmessung vor allem für Aufnahmeserien mit einer einmal ermittelten Belichtung an. Dann kann die Nachführmessung durchaus bequemer sein als alle anderen Betriebsarten. Die Nachführmessung bietet außerdem als einzige Betriebsart extreme Langzeitbelichtungen (also länger als 30 Sekunden). In der dafür vorgesehenen „bulb"-Position (die sich an den längsten Verschlußzeitenwert anschließt) bleibt der Verschluß offen, solange Sie auslösen (wozu Sie unbedingt den Handgriff GR 20 mit Fernauslöseranschluß benötigen, weil Sie die Langzeitbelichtung direkt über den Gehäuseauslöser verwackeln würden). Im Display können Sie parallel die aktuelle Dauer der Langzeitbelichtung ablesen – zunächst in Ziffern bis 30 im Sekundentakt, zu denen dann noch (maximal drei) zusätzliche Querstriche kommen können, die jeweils für einen bereits abgelaufenen 30-Sekunden-Takt stehen.

V. Teil

Scharfstellen

*Autofokus läßt sich – wenn auch etwas holprig – mit Scharfstell-
oder Schärfenautomatik übersetzen. Als Autofokus-Kamera
stellt die EOS somit automatisch scharf. Sie stellt am Objektiv
selbsttätig die Aufnahmeentfernung ein. Präziser und schneller
übrigens, als wenn Sie hierzu von Hand den Einstellring am Objektiv betätigen würden.*

*Daß sich das Thema Scharfeinstellung für Sie trotzdem nicht
automatisch erledigt, hat drei Gründe. Erstens stellt der Autofokus ebenso automatisch immer auf die Bildmitte scharf, und Sie
müssen wissen, wann und wie Sie das mit Hilfe des (Entfer-
nungs-)Meßwertspeichers umgehen können. Zweitens bietet Ihnen die EOS zwei unterschiedliche Autofokus-Betriebsarten an,
die Sie richtig einsetzen müssen. Und drittens kann es manchmal
sogar von Vorteil oder notwendig sein, manuell scharfzustellen.*

I. Grundlagen der Entfernungseinstellung

Daß Objektive überhaupt scharfgestellt (fokussiert) werden müssen, liegt daran, daß sie nahe und entfernte Gegenstände nicht
gleichzeitig scharf abbilden können. Ein Gegenstand erscheint
nämlich nur dann scharf auf dem Film, wenn das Objektiv die von
ihm ausgehenden Lichtstrahlen so bricht, daß sie genau in der
Filmebene zusammentreffen (die dazu benötigte Entfernung heißt
Bildweite – das aber jetzt nur zur Beschreibung und nicht zum Merken). Jedes Objektiv hat (Sie können es sich vereinfacht als Lupe
vorstellen) eine bestimmte Brechkraft, mit der es die Strahlen
bündelt. Die Lichtstrahlen eines weit entfernten Motives treffen beispielsweise (nahezu) parallel ein und können deshalb auf eine sehr
kurze Distanz gebündelt werden. Das ist die kürzestmögliche
Bildweite, die identisch ist mit der (für jedes Objektiv charakteristi-
schen) Brennweite.

Was beim Scharfstellen passiert

Je näher nun das Motiv, desto steiler die eintreffenden Strahlen. Damit nimmt die Bildweite zu, denn die Strahlen können erst in einem größeren Abstand gebündelt werden – sie treffen folglich erst hinter der Filmebene zusammen. Um die Schärfe wieder in die Filmebene zu legen, muß das Objektiv zum Ausgleich etwas weiter nach vorne geschoben werden. Je näher das Motiv, desto größer die Bildweite, und desto weiter muß das Objektiv von der Filmebene entfernt werden (desto größer ist der sogenannte Auszug). Genau das geschieht letztlich beim Scharfstellen: Das Objektiv wird in den richtigen Abstand (Auszug) zum Film gebracht (von außen freilich nicht so deutlich sichtbar, weil sich dazu lediglich die Linsen innerhalb der Ummantelung, des Objektiv-Tubus, verschieben).
Ob Sie diese Verschiebung von Hand über den Entfernungseinstell-ring an den Objektiven in Gang setzen oder ob ein (im Falle der EOS direkt in den Objektiven sitzender) Motor diese Aufgabe über-nimmt, spielt grundsätzlich keine Rolle. Die EOS-Objektive lassen sich so auf jede Motiventfernung zwischen Unendlich und der je-weils kürzesten Einstellentfernung scharfstellen. Je kürzer übrigens die Brennweite, desto näher auch die Einstellentfernung – von spe-ziell für Nah- und Makroaufnahmen konstruierten Objektiven ein-mal abgesehen. Außerdem müssen Sie wissen, daß die Verschiebe-wege (der Auszug) mit kürzerer Einstellentfernung zunehmen. So ist zum Beispiel die Auszugsverlängerung für den Einstellweg zwi-schen Unendlich und sechs Meter geringer als der weiter notwendi-ge Auszug, um von sechs auf drei Meter scharfzustellen. Sie können diese längeren Einstellwege leicht am manuellen Einstell-ring nachvollziehen, und Sie müssen deshalb auch dem Autofokus längere Einstellzeiten zugestehen, wenn Sie im Nahbereich fotogra-fieren.

Die Entfernung im Sucher kontrollieren

Wenn Sie das Objektiv auf eine bestimmte Aufnahmeentfernung scharfstellen (oder vom Autofokus scharfstellen lassen), können Sie diese Schärfeverlagerung im Sucher der EOS genau beobach-ten: Als Spiegelreflexkamera wurde die EOS nämlich so konstruiert, daß das durch das Aufnahmeobjektiv einfallende Licht über einen (Umlenk-)Spiegel (der nur für die Belichtung nach oben klappt und so für die Lichtstrahlen den Weg zur Filmoberfläche „freimacht") auf die Einstellscheibe gelenkt wird. Diese Einstellscheibe ist vom Objektiv genauso weit entfernt wie die Filmebene und deshalb eine präzise Einstellhilfe.

Die Einstellscheiben der EOS sind sogar so hell, daß Sie die Entfernung über das gesamte Sucherbild einstellen können (schieben Sie dazu den Wahlschalter am Objektiv auf „M", denn nur so geben Sie den Einstellring für manuelles Scharfstellen frei). Noch präziser stellen Sie freilich manuell scharf, wenn Sie sich dazu sogenannter Einstellhilfen bedienen, die Ihnen die EOS über auswechselbare Einstellscheiben anbietet. Aber zunächst erledigt das ja der Autofokus mit höchster Präzision. Deshalb ist es auch nur konsequent, daß die serienmäßige Einstellscheibe der EOS über keine zusätzlichen Einstellhilfen verfügt, die das Sucherbild nur unübersichtlicher machen würden. Vergessen Sie aber nie, daß das Sucherbild immer die selektive Schärfe der größten Blendenöffnung zeigt – erst wenn Sie die Abblendtaste drücken, schließt sich die Blende auf den aktuellen Wert, und Sie können im (nun allerdings auch abgedunkelten) Sucherbild zusätzlich die Schärfentiefe kontrollieren.

2. Scharfstellen mit der EOS

Die Autofokus-Signale

Ganz im Zentrum der Einstellscheibe (und innerhalb des wesentlich größeren Selektivmeßkreises) sehen Sie das kleine, flache (von den beiden Klammern begrenzte) Autofokus-Meßfeld. Nur in diesem Feld ermittelt der Autofokus die Entfernung, und Sie müssen es deshalb immer mit der Motivpartie in Deckung bringen, auf die Sie scharfstellen wollen. Wenn Sie den Auslöser antippen und so den Autofokus aktivieren, leuchtet unmittelbar darauf unter der Einstellscheibe ein grüner Punkt als Dauerlicht auf – die EOS signalisiert Ihnen durch diesen Schärfeindikator, daß sie scharfgestellt hat. Wenn Sie wollen (indem Sie den Hauptschalter ganz nach rechts in die „Akustik"-Position schieben), können Sie sich durch einen kurzen Piepton zusätzlich Vollzug melden lassen. In der Vollautomatik-Position des Hauptschalters (grünes Rechteck) ertönt der Fokussier-Piepton grundsätzlich.

Durch beide Fokussiersignale können Sie sich auch bei manueller Entfernungseinstellung die korrekte Schärfe bestätigen lassen – solange Sie im Autofokus-Meßfeld bleiben und den Auslöser leicht gedrückt halten. Letztlich vergleicht die EOS dabei ihren eigenen Entfernungsmeßwert (auf den sie nur deshalb nicht fokussiert, weil Sie sie durch die „M"-Einstellung am Objektiv daran hindern) mit Ihrer Einstellung – und meldet mit den Fokussiersignalen Übereinstimmung. Im Normalfall erscheint diese Einstelltechnik deshalb unsinnig: Denn wieso sollten Sie zwar den Autofokus-Meßvorgang (auf dem die Fokussiersignale basieren) nutzen, dann aber statt der (schnelleren und bequemeren) motorischen Entfernungseinstellung das Objektiv von Hand scharfstellen? Solange die Signale wie beschrieben aufleuchten bzw. ertönen, können Sie sich jedenfalls definitiv auf den automatisch ermittelten Entfernungswert verlassen. Nur wenn der Autofokus nicht mehr scharfstellen kann, blinkt der grüne Punkt unablässig, und Sie hören einen aufgeregten Dauerpiepton.

Die Grenzen des Autofokus

Das Autofokus-System der EOS mißt die Entfernung passiv – übrigens ganz ähnlich wie Sie auch, wenn Sie mit Hilfe des Schnittbildindikators der Einstellscheibe fokussieren. Passiv heißt, die EOS wertet das vorhandene Licht aus, indem sie (senkrecht angeordnete) Motivkontraste vergleicht (wie diese Phasendetektion genau funktioniert, können Sie im Teil IX „Die Technik der EOS" nachlesen).

Warum der Autofokus nicht immer funktionieren kann

Bereits jetzt können Sie aber nachvollziehen, daß der Autofokus nicht immer funktionieren kann. In drei Fällen muß er ganz offensichtlich scheitern. Wenn dunkle Motive schlicht und einfach zu wenig Licht reflektieren (auch mit dem Schnittbildindikator

Autofokus-Probleme und Lösungsvorschläge

Motiv-Beschreibung	Fehlerquelle	Lösungsvorschlag
Motiv ohne Kontraste und/oder Helligkeit	Der Autofokus ist prinzipbedingt auf Kontraste angewiesen	Ersatzmotiv anmessen (ONE SHOT) oder Speedlite mit Einstellblitz benutzen
Sehr dunkles Motiv, im Meßfeld Helligkeit unter Lichtwert 1	Der Autofokus ist prinzipbedingt auf Mindesthelligkeit angewiesen	Speedlite mit Einstellblitz benutzen oder geschätzte Entfernung manuell einstellen
Motiv ohne vertikale Linien (Kontraste)	Der Autofokus ist prinzipbedingt auf den Vergleich vertikaler Teilbilder angewiesen	Ersatzmessung mit schräg gehaltener Kamera und damit schrägem Meßfeld (ONE SHOT)
Motiv mit starken Reflexionen	Starke Reflexionen irritieren den Teilbilder-Vergleich für die Entfernungsmessung	Ersatzmessung mit veränderter Meßfeld-Position (ONE SHOT) oder Schärfe manuell einstellen
Motive im extremen Gegenlicht	Auch extremes Gegenlicht irritiert den Teilbilder-Vergleich	Ersatzmessung mit veränderter Meßfeld-Position (ONE SHOT) oder Schärfe manuell einstellen
Motive mit unterschiedlich weit entfernten Partien	Das Autofokus-Meßfeld kann keine klare Entfernungs-Zielvorgabe finden	Meßfeld-Position so verändern, daß die Zielvorgabe eindeutig wird (ONE SHOT)
Motive mit vertikalem Streifenmuster	Der Autofokus kann den Abstand der beiden Teilbilder nicht mehr erkennen	Ersatzmessung mit veränderter (schräger) Meßfeld-Position (ONE SHOT)
Motive, die sich schnell auf die EOS zubewegen	Der Autofokus hinkt (aufgrund der Signalübertragungsdauer) seinem Einstellwert hinterher	Manuell vorfokussieren

scheitern Sie bei Dunkelheit), wenn – selbst an und für sich ausreichend helle – Motive keinerlei Kontrast aufweisen (auch mit dem Schnittbildindikator können Sie nicht auf eine weiße Wand scharfstellen), schließlich aber auch, wenn das Motiv keine vertikalen (senkrechten) Linien zeigt (auch da können Sie den waagrechten Schnittbildindikator nicht mehr nutzen). All das folgt bereits zwingend aus der grundsätzlichen Funktionsbeschreibung.

Aber auch an starken Gegenlichtreflexionen und wiederkehrenden vertikalen Streifen kann der Autofokus konstruktionsbedingt scheitern – weil sie jeweils den Kontrastvergleich erschweren (ausführlicher werden sämtliche Problemfälle in der Tabelle mit Ursache und Lösungsvorschlägen diskutiert). Vergessen Sie in diesem Zusammenhang aber nie, daß immer nur das Autofokus-Meßfeld zählt – denn nur da wird die Schärfe sehr selektiv ermittelt. Obwohl dieses Meßfeld so klein ist (und im Interesse einer möglichst punktgenauen Messung auch sein muß), kann es übrigens – zumindest theoretisch – dennoch gleichzeitig auf zwei unterschiedlich weit entfernte Gegenstände gerichtet sein – der Autofokus kann dann nicht wissen, auf welchen er scharfstellen soll. Sie müssen ihm also immer eindeutige Meßfeldinformationen geben.

Ähnlich theoretisch, aber zumindest denkbar: Sie wollen auf ein Motiv durch eine verschmutzte oder verkratzte Glasscheibe oder durch feinstrukturierte Gardinen fokussieren – eventuell findet der Autofokus dann dort schon den nötigen Kontrast und fokussiert nicht mehr auf das gewünschte Motiv. Bei der Glasscheibe werden Sie nur die Zielrichtung des Meßfeldes etwas ändern, im zweiten Fall dagegen manuell scharfstellen müssen. Um keinen Eventualfall auszulassen, seien auch noch Aufnahmen in wiederum verschmutzte oder verkratzte Spiegel erwähnt: Auch hier kann der Autofokus wieder am Spiegel „hängenbleiben" (während er im Normalfall auf die größere Distanz des Spiegelbildes fokussiert). Abhilfe schafft wiederum eine korrigierte Meßfeldzielrichtung.

So erschreckend lang diese potentielle Autofokus-Mängelliste auf den ersten Blick auch scheinen mag – Zweifel an der Zuverlässigkeit der Scharfstellautomatik sind dennoch unbegründet. Selbst das Hauptmanko der passiven EOS-Scharfstelltechnik, ihre Licht- und Kontrastabhängigkeit, verliert bei näherer Betrachtung seine Schrecken: Daß der EOS-Autofokus überhaupt auf Licht angewiesen ist, kann praktisch kein Nachteil sein, weil Sie die „totale Dunkelheit" ohnehin nicht scharf fotografieren können. Daß der EOS-Autofokus auf Mindestkontraste angewiesen ist, könnte dagegen praktisch von Nachteil sein.

Tatsächlich können Sie sich aber jederzeit überzeugen, daß die EOS in der Regel auch dann noch automatisch fokussiert, wenn der Belichtungsmesser selbst für hochempfindliche Filme (und selbstverständlich volle Blendenöffnung) Belichtungszeiten im Sekundenbereich signalisiert. Praktisches Fazit: Solange Sie die EOS aus der Hand auslösen können, ist der licht- und kontrastbedingte Autofokus-Ausfall kein ernsthaftes Thema.

Der Autofokus-Arbeitsbereich

Offiziell gibt Canon den Autofokus-Arbeitsbereich übrigens mit Lichtwert „1" (untere Grenze) und Lichtwert „18" (obere Grenze) an. Lichtwert „1" würde zum Beispiel – in konkrete Belichtungsdaten übersetzt – eine Sekunde Belichtungszeit bei Blende 1,4 (für ISO 100) als Untergrenze bedeuten. Nun bezieht sich der Lichtwert allerdings auf die durchschnittliche Helligkeit des gesamten Bildes, besagt also nichts über den Kontrast und noch weniger über die letztendlich entscheidenden Kontrastverhältnisse innerhalb des Autofokus-Meßfeldes. Daß sich der EOS-Autofokus praktisch nicht an diese Untergrenze hält, steht also nicht in Widerspruch zur Theorie. Analog dazu läßt auch die offizielle Angabe der Obergrenze nur den praktisch bedeutungslosen Schluß zu, daß der Autofokus nicht beliebig viel Licht verträgt – was ja auch die schon angesprochenen Probleme mit den extremen Gegenlichtreflexionen andeuten.

Kritisches Motiv mit Reflexionen, das der Autofokus (Schärfespeicherung auf die Radmitte) aber problemlos geschafft hat

Autofokus-Probleme und ihre Lösung

Die Meßfeldposition

Wenn der Autofokus nicht wunschgemäß funktioniert, gibt es grundsätzlich drei Alternativen. Die erste (und zugleich einfachste und erfolgversprechendste): Oftmals reichte es schon aus, die Position des Autofokus-Meßfeldes etwas zu verändern (bei vertikalen Linien beispielsweise die EOS zu verkanten). Im Extremfall können Sie auch ein Ersatzmotiv in etwa gleicher Entfernung anvisieren. Da Sie dazu immer den Entfernungswert speichern müssen, geht das nur in der „ONE SHOT"-Betriebsart.

Der Autofokus-Meßblitz

Den zweiten Ausweg bieten schließlich die Systemblitzgeräte Speedlite 300 EZ und 420 EZ, die (vorausgesetzt, sie sind eingeschaltet) bei schlechten Lichtverhältnissen automatisch ein Einstellmuster auf das Motiv projizieren und so dem Autofokus den zur Fokussierung notwendigen Kontrast liefern. Der prinzipbedingte Nachteil des EOS-Autofokus (Licht- und Kontrastabhängigkeit – sofern er überhaupt einer ist) ist damit allerdings nur scheinbar aufgehoben: erstens nur zwischen 0,9 und 8 Meter (dem Arbeitsbereich des Einstellmusters beim 420 EZ) und zweitens nur für statische Motive – sobald sich das Motiv bewegt, dauert nämlich der „Meß-Umweg" über das Einstellmuster zu lange. Wenn Sie lediglich das Einstellmuster nutzen, nicht jedoch blitzen wollen, müssen Sie das Speedlite nur für die Entfernungseinstellung kurz einschalten.

Manuelles Scharfstellen

Die dritte Möglichkeit heißt manuell scharfstellen: Sie werden zwar (wenn dem Autofokus die Licht- und Kontrastverhältnisse nicht mehr ausreichen) auch manuell über die Einstellscheibe kaum noch scharfstellen können, Sie können aber immerhin (zum Beispiel bei extremen Langzeitbelichtungen) die geschätzte Motiventfernung am Objektiv einstellen.

Manchmal kann es auch sinnvoll sein, den Autofokus zunächst die Entfernung einstellen zu lassen, dann aber diesen Entfernungswert (indem Sie den Autofokus-Schieber am Objektiv auf „M" stellen) manuell zu übernehmen. Wenn Sie beispielsweise (bei Sportaufnahmen) auf eine bestimmte Entfernung vorfokussieren müssen, in der Sie das Motiv erwarten. Oder wenn Sie eine ganze Aufnahmereihe mit einer festen Entfernungseinstellung belichten wollen – auch dann ist es zumindest bequemer, diesen Entfernungswert manuell zu fixieren.

Die Autofokus-Betriebsarten

Die beiden Autofokus-Betriebsarten „ONE SHOT" und „SERVO" unterscheiden sich insofern grundsätzlich, als sie der Schärfe unterschiedliche Priorität einräumen. Bei „ONE SHOT" hat die Schärfe absolut Vorrang (Autofokus-Priorität) – Sie können die EOS erst auslösen, nachdem der Autofokus die Entfernung eingestellt hat. „SERVO" räumt dagegen dem Auslösen Vorrang ein (Auslösepriorität) – Sie können die EOS dann stets und unabhängig davon auslösen, ob der Autofokus die Entfernung bereits eingestellt hat. „SERVO" schließt also im Gegensatz zu „ONE SHOT" unscharfe Aufnahmen nicht aus. Wenn Sie die Autofokus-Taste kurz drücken, haben Sie acht Sekunden lang Zeit, um die Autofokus-Betriebsart über das Einstellrad vorzuwählen (das Objektiv muß dazu auf „AF" stehen).

„ONE SHOT" mit Schärfepriorität

Mit der Autofokus-Betriebsart „ONE SHOT" entscheiden Sie sich nicht nur für die Autofokus-Priorität, sondern auch für die Meßwertspeicherfunktion des Auslösers. Nur bei „ONE SHOT" können Sie den Entfernungs-(und damit gleichzeitig Belichtungs-)Wert speichern – Sie visieren dazu das Hauptmotiv mit dem zentralen Autofokus-Meßfeld an, drücken den Auslöser leicht an und bestimmen nun erst mit dem so gespeicherten Entfernungs- und Belichtungsmeßwert den Bildausschnitt, bevor Sie endgültig auslösen.
Auf „ONE SHOT" sind Sie also immer dann angewiesen, wenn sich das Hauptmotiv nicht in der Bildmitte befindet – oder generell,

wenn Sie sorgfältig und in Ruhe den Bildausschnitt bestimmen wollen. „ONE SHOT" ist also die Autofokus-Betriebsart für den „Normalfall" – und damit auch auf die Einzelbildschaltung („S") zugeschnitten. Grundsätzlich können Sie „ONE SHOT" aber auch mit dem Dauerlauf („C") kombinieren – die EOS belichtet dann die gesamte Motorfolge mit einem vorgegebenen (weil über den Auslöser gespeicherten) Entfernungs- und auch Belichtungsmeßwert.

„SERVO" mit Auslösepriorität

Mit der Autofokus-Betriebsart „SERVO" entscheiden Sie sich nicht nur für die Auslösepriorität, sondern auch gegen die Meßwertspeicherfunktion des Auslösers. Die EOS „aktualisiert" dann laufend den Entfernungs- und Belichtungswert – solange Sie den Auslöser zumindest angedrückt halten. „SERVO" führt die Schärfe nach, ist damit auf Serienaufnahmen mit dem Motordauerlauf („C") zugeschnitten. Die Bildfrequenz kann dabei allerdings im Extremfall von ursprünglich drei Bildern pro Sekunde auf rund zwei Bilder pro Sekunde zurückgehen – weil die EOS nicht gleichzeitig belichten und die Schärfe nachführen kann (sie kann die Entfernung nämlich konstruktionsbedingt nur messen, solange der Rückschwingspiegel nicht für die Belichtung hochschwenkt).
Trotzdem können Sie „SERVO" auch mit der Einzelbildschaltung kombinieren, damit Sie bei bewegten Motiven stets aufnahmebereit sind. Mit kurzer Brennweite und kleiner Blendenöffnung (also großer Schärfentiefe) haben Sie so zudem eine perfekte Schnappschuß- und Reportagekombination: Sie können dann einerseits stets auslösen (weil Sie nicht befürchten müssen, daß der Autofokus innerhalb des Schärfentiefebereichs eine in diesem Fall überflüssige Entfernungseinstellung vornimmt und währenddessen den Auslöser blockiert), haben andererseits aber dennoch die Sicherheit, immer mit einem zumindest annähernd (und in diesem Fall ausreichend) korrekten Entfernungswert zu belichten.

VI. Teil

Blitzen bei jedem Licht

Wie Sie mit der EOS auch ohne die geringsten Vorkenntnisse perfekt blitzen können, ist schnell beschrieben. Sie schieben eines der beiden Blitzgeräte aus dem EOS-System (Speedlite 300 EZ oder 420 EZ) bis zum Anschlag in den Aufsteckschuh (damit es nicht versehentlich herausrutschen kann, müssen Sie es mit dem Sicherungsring arretieren), schalten es ein (weißen Hauptschalter auf „I") – und lösen die EOS wie gewohnt aus. Gleich ob Sie bei völliger Dunkelheit blitzen oder lediglich bei Tageslicht zusätzlich die Schatten aufhellen wollen – die EOS dosiert die notwendige Blitzbelichtung immer vollautomatisch. Schneller und exakter, als Sie es im Normalfall manuell könnten.
Die Möglichkeiten der EOS-Blitztechnik sind damit freilich noch lange nicht erschöpft. Über die Belichtungsbetriebsart der EOS steuern Sie nämlich automatisch auch die Blitzfunktion. So können Sie über die Verschlußzeiten- oder Blendenvorgabe die Blitzbelichtung bewußt Ihrer Gestaltungsabsicht unterordnen. Sie können beim Speedlite 420 EZ die Blitzfunktion aber auch direkt am Blitzgerät vorwählen und so die Blitzbelichtung manuell steuern. Sie können die Synchronisation beeinflussen, die Blitzfolge variieren und, und... Wenn Sie sämtliche Blitzmöglichkeiten der EOS mit ihren beiden System-Blitzgeräten 300 EZ und 420 EZ ausschöpfen wollen, müssen Sie über ihre Blitzfunktionen Bescheid wissen – und das setzt auch ein wenig Blitztheorie voraus.

1. Grundlagen der Blitztechnik

Grundsätzlich funktionieren alle modernen Elektronenblitzgeräte wie folgt: Sobald Sie das Blitzgerät einschalten, wird mit der in den Batterien (oder Akkus) gespeicherten Energie ein Kondensator ge-

Blitzlangzeitbelichtung mit
A-TTL-Blendenautomatik und
Minuskorrektur, damit der
Hintergrund dunkler wird

Blitzporträt im Nahbereich und deshalb mit geringer Schärfentiefe

laden, der – wenn Sie den Blitz auslösen – über einen Hochspannungsimpuls ein in der Blitzröhre enthaltenes Edelgasgemisch kurz aufleuchten läßt. Die vom Kondensator abgegebene Energie läßt sich zudem (über einen zwischengeschalteten Thyristor) regeln – der damit auch die Dauer des Lichtimpulses bestimmt. Diese Blitzleuchtdauer ist aber selbst bei vollem Hochspannungsimpuls des Kondensators extrem kurz: beim Speedlite 300 EZ beispielsweise mindestens $\frac{1}{1000}$ Sekunde, beim 420 EZ sogar mindestens $\frac{1}{1500}$ Sekunde – wobei sich die Leuchtzeiten über die Thyristorsteuerung weiter verkürzen.

Das so abgestrahlte Blitzlicht ist zudem in seiner Farbtemperatur (auch durch die beschichteten Schutzgläser) auf 5500 Grad Kelvin abgestimmt – auf mittleres Tageslicht also. Sie können somit beim Blitzen eine dem Tageslicht vergleichbare Farbwiedergabe voraussetzen und kommen ohne Konversionsfilter aus.

Was die Leitzahl bedeutet

Das müssen Sie sich nun nicht genau merken. Wichtig ist nur, daß die Blitzintensität allein durch die Leuchtdauer des Blitzes geregelt wird und daß diese Leuchtzeiten ausschließlich extrem kurz sind (bei den beiden Speedlites bis zu rund $\frac{1}{30\,000}$ Sekunde). Die Lichtleistung eines Blitzgerätes wird somit von der Kapazität des Kondensators vorgegeben und in Form einer Leitzahl angegeben. Die volle Lichtleistung setzt natürlich auch den vollen Hochspannungsimpuls voraus, liegt also bei der längsten Leuchtzeit vor, auf die sich auch die Leitzahl beziehen muß. Da die zur korrekten Belichtung notwendige Blitzleistung aber von der Filmempfindlichkeit abhängt, muß sich die Leitzahl zudem auf eine konkrete Filmempfindlichkeit beziehen – sonst hat sie keine Aussagekraft mehr. Canon gibt die Leitzahlen der beiden EOS-Blitzgeräte für ISO 100 an.

Leitzahl und Leuchtwinkel

Schließlich muß die Leitzahl aber auch noch den Leuchtwinkel einbeziehen: Je weiter das Blitzlicht gestreut wird, desto geringer die Lichtintensität. Umgekehrt nimmt die Intensität natürlich mit enge-

rer Bündelung zu. Dieser Ausleuchtwinkel muß auf den Bildwinkel des Objektivs abgestimmt sein – sonst kann der Blitz nicht das gesamte Bildfeld ausleuchten. Weitwinkelobjektive mit großem Bildwinkel sind auf einen ebenso großen Leuchtwinkel angewiesen, Teleobjektive mit engem Bildwinkel kommen dagegen auch mit einem entsprechend engeren Leuchtwinkel aus. Während die meisten Blitzgeräte einen festen Leuchtwinkel um 60 Grad haben (und damit an den Bildwinkel eines leichten Weitwinkelobjektivs angepaßt sind), haben die EOS-Blitzgeräte einen Zoomreflektor, mit dem sich der Leuchtwinkel auf unterschiedliche Objektivbrennweiten abstimmen läßt. Das Blitzlicht wird so effektiver genutzt, weil mit längeren Brennweiten und der dann auch engeren Bündelung Lichtintensität und Leitzahl steigen.

Strenggenommen haben die EOS-Blitzgeräte deshalb auch keine feste Leitzahl. Beim Speedlite 300 EZ variiert die Leitzahl je nach Position des Zoomreflektors zwischen 22 und 30, beim leistungsstärkeren 420 EZ zwischen 25 und 42. Da sich Leitzahlangaben zumeist auf den weitverbreiteten 60-Grad-Leuchtwinkel beziehen, können

Porträt einmal mit und einmal ohne Aufhellblitz. Mit Blitz angenehmere Hauttonwiedergabe ohne störende Schatten. Rechts zwei Langzeitbelichtungen – Programmautomatik ohne Blitz und zum Vergleich Blitzlangzeitbelichtung mit der A-TTL-Zeitautomatik ohne manuelle Korrektur

Sie als Vergleichsmaßstab den Leitzahlwert für die entsprechende 35-mm-Position des Zoomreflektors heranziehen: Das Speedlite 300 EZ hat dann Leitzahl 25, das 420 EZ dagegen Leitzahl 30 (die offiziellen Leitzahlen liegen freilich mit 28 bzw. 35 etwas höher, weil Canon sie auf die 50-mm-Position des Zoomreflektors bezieht).

Mit der Leitzahl können Sie rechnen

Die Leitzahl gibt also Auskunft über die maximal zur Verfügung stehende Blitzleistung – und zwar immer bezogen auf eine bestimmte Filmempfindlichkeit und einen bestimmten Leuchtwinkel. Die Leitzahl ist deshalb kein abstrakter Wert, sondern eine konkrete Rechenvorgabe. Mit der Leitzahl können Sie jederzeit die zur richtigen Blitzbelichtung notwendige Blendeneinstellung errechnen – Sie dividieren dazu einfach die Leitzahl durch die Aufnahmeentfernung. Konkretes Beispiel: Bei Leitzahl 25 und einem drei Meter entfernten Motiv müssen Sie Blende 8 einstellen (25 dividiert durch 3 ergibt abgerundet 8). Umgekehrt können Sie so auch für jede Blendenein-

stellung die für eine korrekte Belichtung maximal zulässige Blitzreichweite errechnen – Sie dividieren dazu einfach die Leitzahl durch die Blende. Konkretes Beispiel: Für Leitzahl 30 und Blende 2 reicht das Blitzlicht 15 Meter weit. Bei Blende 8 – das jetzt nur, um den wesentlichen Einfluß der Blende auf die Blitzreichweite zu demonstrieren – würde die Blitzreichweite dagegen auf knapp vier Meter sinken.

Die Leitzahl ist also eine wertvolle Angabe, weil sie stets über die Blitzreichweite Auskunft gibt – die allerdings nur bei manuellem Blitzbetrieb für jede Blendeneinstellung errechnet werden muß. Und selbst dann entfällt beim Speedlite 420 EZ (beim 300 EZ können Sie den Blitz nicht manuell steuern) die Leitzahl-Rechnerei, weil Sie im Display jederzeit zur aktuellen Blende die (auch abhängig von der Filmempfindlichkeit und der Reflektorposition errechnete) Blitzreichweite abrufen können. Sie sind auf diese Berechnungen also vor allem angewiesen, wenn Sie andere Blitzgeräte manuell an der EOS einsetzen (einzige Ausnahme ist das für die Canon T 90 konzipierte Speedlite 300 TL, bei dem Sie ebenfalls die Blitzreichweite auf dem Display abrufen können).

Warum die Leuchtdauer wichtig ist

Die volle manuelle Blitzleistung hat jedoch drei konkrete Nachteile: Zum einen steht dann zur Belichtungssteuerung nur mehr die Blende zur Verfügung. Und die liegt zudem entfernungsabhängig vor, läßt also keinen Gestaltungsspielraum – kleine Blendenöffnungen bei kurzer Aufnahmeentfernung, große Blendenöffnungen bei weiter entfernten Motiven. Außerdem braucht der Kondensator

*Porträtreihe im Innen-
raum mit Gegenlicht.
Ganz links ohne manuel-
le Korrektur und ohne
Blitz, in der Mitte mit Selektivmessung, rechts
schließlich mit pro-
grammgesteuertem
Aufhellblitz (A-TTL)*

dann – weil er den vollen Hochspannungsimpuls abgibt – relativ lange, um sich wieder aufzuladen. Beim Speedlite 300 EZ beispielsweise acht Sekunden, beim 420 EZ gar 13 Sekunden. Diese Zeitspanne
wird als Blitzfolgezeit bezeichnet – sie gibt an, wie lange Sie für jede
weitere Blitzauslösung warten müssen. Weil sich der Kondensator
nach jedem Blitz wieder voll aufladen muß, ist natürlich auch der
Energieverbrauch sehr hoch.

Die Leuchtdauer regelt die Belichtung

Alle diese Probleme löst die eingangs erwähnte Thyristorsteuerung,
die (vergleichbar einem Ventil) die Energieabgabe des Kondensators an die Blitzröhre stufenlos regelt und so kürzere Leuchtzeiten
bei entsprechend geringerem Energiebedarf ermöglicht. Das hat
einmal den entscheidenden Vorteil, daß jetzt auch die Leuchtdauer
zur Belichtungsregelung zur Verfügung steht – die Blende somit
nicht mehr ausschließlich entfernungsabhängig, sondern auch zum
bewußten Gestalten mit der Schärfentiefe eingesetzt werden kann.
Innerhalb gewisser Grenzen natürlich nur, weil der Regelbereich
des Thyristors im Nahbereich tendenziell kleinere Blendenöffnungen erfordert, während große Blitzreichweiten nach wie vor zu großen Blendenöffnungen zwingen.

Leuchtdauer und Blitzinnenmessung

Die zur korrekten Blitzbelichtung notwendige Leuchtdauer regelt
die EOS mit Systemblitzgeräten (wie den Speedlites 300 EZ und 420
EZ, aber auch dem 300 TL) automatisch. Sie mißt das vom Blitz ab-

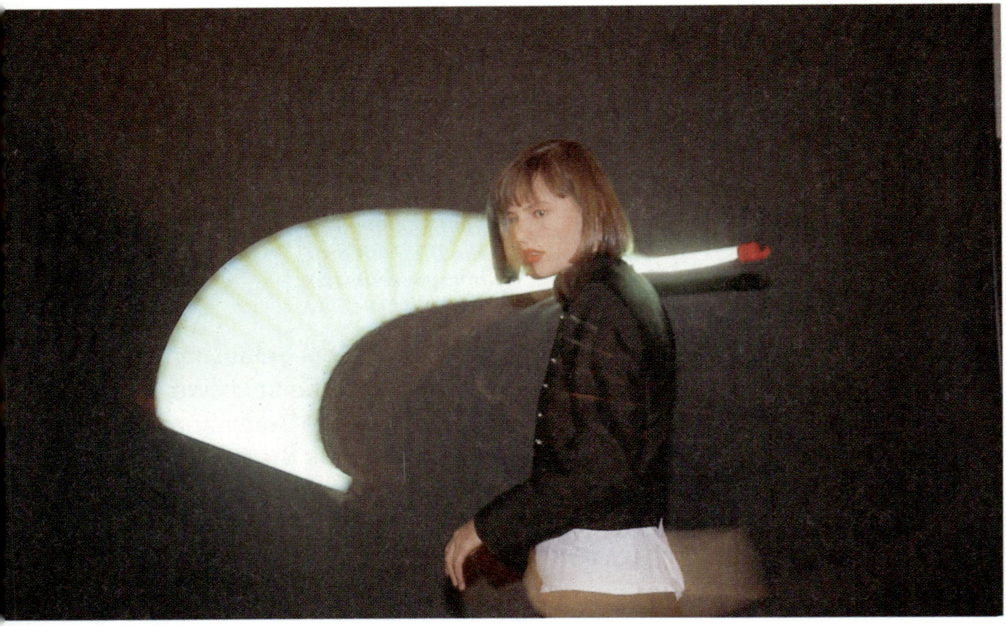

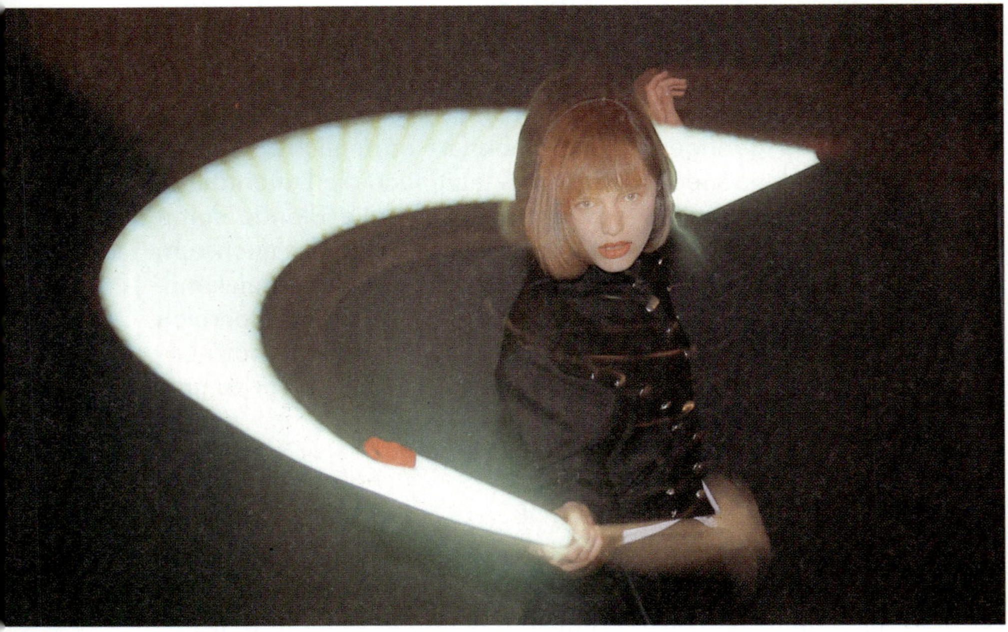

Synchronisation auf den ersten und auf den zweiten Verschlußvorhang
mit dem Speedlite 420 EZ. Die Blitzbelichtung erst am Ende der Langzeit-
belichtung wirkt natürlicher und dynamischer (unten)

gestrahlte und vom Motiv reflektierte Licht direkt während der Belichtung und direkt an der Filmoberfläche – ein Sensor ganz unten im Kameraboden registriert hierzu das letztlich ja auch von der Filmoberfläche reflektierte Blitzlicht, und eine Regelelektronik schaltet den Blitz ab, sobald die Lichtmenge ausreicht (das Speedlite 420 EZ deckt so beispielsweise insgesamt den Regelbereich zwischen 0,5 und gut 30 Meter automatisch ab).

Diese TTL-Steuerung (für *Through The Lens*, also durch das Objektiv) ist deshalb die beste Meßmethode, weil sie nur die tatsächlich durch das Objektiv fallende und damit für die Belichtung relevante Lichtmenge erfaßt. Anschaulicher ist deshalb auch die Bezeichnung Blitzinnenmessung. Im Gegensatz zur Sensorsteuerung am Blitzgerät (die prinzipiell vergleichbar arbeitet) berücksichtigt die Blitzinnenmessung automatisch auch den Bildwinkel des Objektivs, Objektivvorsätze sowie Auszugsverlängerungen im Nahbereich. Schließlich spielt auch die Position des Blitzgerätes bei der Blitzinnenmessung keine Rolle mehr. Stets – und auch für jede Blendeneinstellung – steuert die EOS automatisch die richtige Blitzleuchtdauer.

Leuchtdauer und Blitzfolge

Daß die Leuchtdauer zur Belichtungsregelung zur Verfügung steht, hat noch einen zweiten, entscheidenden Vorteil: Dem Kondensator wird nur mehr die tatsächlich benötigte Energie entnommen, er muß weniger nachladen und kann so schnellere Blitzfolgezeiten liefern. Je kürzer die Leuchtdauer, desto geringer der Energieverbrauch und damit die Zeitspanne bis zur erneuten Blitzbereitschaft. Mit kurzer Aufnahmeentfernung und offener Blende nimmt die Leuchtdauer ab – die kürzesten Blitzfolgezeiten stehen somit im Nahbereich bei gleichzeitig voller Blendenöffnung zur Verfügung. Je nach Leuchtdauer liegt die Blitzfolgezeit beim Speedlite 300 EZ zwischen 0,3 und 8 Sekunden, beim 420 EZ zwischen 0,2 und 13 Sekunden. Das 420 EZ liefert damit beispielsweise maximal fünf Blitze pro Sekunde.

Warum überhaupt Synchronisationszeiten?

Die Blitzbelichtung wird also allein über die Objektivblende und die Blitzleuchtdauer reguliert – der an der Kamera eingestellten Verschlußzeit kommt hierbei keine Bedeutung zu (sie beeinflußt lediglich die Wiedergabe des vorhandenen Lichtes, was aber in diesem Zusammenhang noch keine Rolle spielt). Daß Sie die Verschlußzeit dennoch nicht beliebig vorwählen können, liegt ausschließlich an der für Kleinbild-Spiegelreflexkameras typischen Verschlußkonstruktion.

Schlitzverschluß und Blitzbelichtung

Die EOS hat nämlich einen Schlitzverschluß, der in ihrem Fall vertikal abläuft: Metallrollos, die sogenannten Verschlußvorhänge, laufen während der Belichtung senkrecht vor dem Film ab und lassen dabei für die Belichtung einen Schlitz frei. Durch die variable Schlitzbreite kommt es so zu unterschiedlichen Verschlußzeiten – je enger der Schlitz, desto kürzer die Belichtung. Nur bei längeren Verschlußzeiten erreicht die Schlitzbreite Formathöhe und gibt damit zumindest für einen Sekundenbruchteil das gesamte Bildfeld frei. Bei kürzeren Verschlußzeiten und entsprechend engeren Schlitzen kann der Film dagegen nur mehr in Teilabschnitten belichtet werden – der zweite Verschlußvorhang läuft bereits an, während der erste noch in Bewegung ist, der Verschluß kann dann nicht mehr gleichzeitig das gesamte Bildfeld freigeben.

Genau darauf sind die ultrakurzen Blitzleuchtzeiten aber angewiesen – sie können nur dann das gesamte Bildfeld belichten, wenn es in diesem Moment auch frei ist. Die Konsequenz ist eindeutig: Für die Blitzbelichtung kommen nur die längeren Verschlußzeiten in Frage, und der Blitz muß genau dann gezündet werden, wenn der Verschluß offen ist. Das besorgt die Synchronisation. Der für die Blitzfotografie zulässige Verschlußzeitenbereich heißt deshalb auch Synchronbereich, die kürzestmögliche Verschlußzeit Synchronisationszeit (was strenggenommen etwas irreführend ist, weil auch alle längeren Zeiten Synchronisationszeiten sind). Die kürzeste Synchronisationszeit der EOS ist $\frac{1}{125}$ Sekunde – selbstverständlich können Sie auch mit jeder längeren Verschlußzeit blitzen, nicht jedoch mit kürzeren Zeiten (was Sie mit der EOS übrigens auch nicht einmal versehentlich können, weil sie im Blitzbetrieb nur Synchronzeiten zuläßt.)

Der Vorteil kurzer Synchronzeiten

Ob der kürzestmöglichen Synchronzeit Bedeutung zukommt, ist eine Frage des Blitzeinsatzes: Für die ausschließliche Blitzausleuchtung bei Dunkelheit ist es zunächst unerheblich, ob die Synchronzeit etwas länger oder etwas kürzer ist. Wenn Sie dagegen bei Tageslicht mit dem Blitz zusätzlich aufhellen wollen, engen lange Synchronzeiten den Gestaltungsspielraum eindeutig ein. Mit längeren Synchronzeiten sind Sie nämlich (mit zunehmender Helligkeit des vorhandenen Lichtes) auch auf zunehmend kleinere Blendenöffnungen angewiesen – mit dem Handikap, beispielsweise auf die bei Porträtaufnahmen gewünschte selektive Schärfentiefe großer Blendenöffnungen nicht mehr zurückgreifen zu können. Die $^1/_{125}$ Sekunde der EOS ist übrigens nur ein guter Mittelwert – denn einige wenige Schlitzverschlußkameras bieten bereits $^1/_{250}$ Sekunde als kürzeste Synchronzeit.

2. Blitzen mit der EOS

Die EOS-Blitztechnik basiert auf dem engen Zusammenspiel zwischen der EOS und den beiden Systemblitzgeräten 300 EZ und 420 EZ. Mit anderen Blitzgeräten können Sie die Blitzmöglichkeiten der EOS nicht voll ausschöpfen. Beim (speziell auf die Canon T 90 abgestimmten) Speedlite 300 TL sind die Einschränkungen allerdings gering – es bietet mit der EOS sogar A-TTL-Blitzbetrieb (umgekehrt schöpft übrigens auch die EOS nicht sämtliche Möglichkeiten des 300 TL aus). Grundsätzlich können Sie zwar auch andere Blitzgeräte an der EOS verwenden – Sie schränken dann allerdings Blitzkomfort und Blitzmöglichkeiten so sehr ein, daß dies nur mehr ein Notbehelf sein kann (genaue Angaben finden Sie hierzu in der Tabelle).
Mit ihren beiden Systemblitzgeräten arbeitet die EOS wie folgt zusammen: Sobald der Blitzkondensator aufgeladen ist, werden in der Sucheranzeige die Blitzbereitschaft angezeigt und eine zu kurze Verschlußzeit automatisch zugunsten der kürzesten Synchronzeit

korrigiert. Im A-TTL-Blitzbetrieb kontrolliert ein Infrarotvorblitz (nicht zu verwechseln mit dem Autofokus-Einstellblitz) die Entfernung, so daß die EOS sofort warnen kann (dann blinken Verschlußzeit- wie Blendenangabe in der Sucheranzeige und im Display), wenn die Blitzreichweite nicht ausreichen würde (beim Unterschreiten des Regelbereiches blinkt dagegen das Autofokus-Signal). Eine Blitzkontrollanzeige (nach erfolgter Blitzbelichtung) hat die EOS deshalb nicht nötig.

A-TTL: das Blitzprogramm für jedes Licht

Im Mittelpunkt der EOS-Blitztechnik steht aber A-TTL, ein extrem vielseitiges Blitzprogramm, mit dem Sie ebenso einfach bei absoluter Dunkelheit blitzen wie bei Tageslicht zusätzlich aufhellen können. Das Speedlite 300 EZ arbeitet ausschließlich im A-TTL-Betrieb (obwohl diese Bezeichnung auf dem Gerät fehlt), das Speedlite 420 EZ fast ausschließlich – Sie können beim 420 EZ zwar auf manuellen Blitzbetrieb umschalten, werden beim Einschalten aber immer wieder auf die hier mit „ATTL" bezeichnete Position zurückgeführt.

Im A-TTL-Betrieb unterscheiden sich die beiden EOS-Systemblitzgeräte auch nicht: „TTL" steht erwartungsgemäß für die Blitzinnenmessung der EOS (die Blitzbelichtung wird dann ausschließlich durch das Objektiv gemessen), „A" für „Advanced" (also „weiterentwickelt"), was zweierlei beinhaltet: einmal den schon erwähnten Infrarotvorblitz, der bei der entfernungsabhängigen Ermittlung der Blitzblende hilft und den zulässigen Blitzbereich kontrolliert, dann aber vor allem die Tatsache, daß sich die EOS im A-TTL-Blitzbetrieb nicht nur um das Blitz-, sondern auch um das vorhandene Dauerlicht kümmert – und zwar so, wie Sie es wünschen und durch die Wahl der Belichtungsbetriebsart vorgeben.

A-TTL ist nämlich nicht immer gleich A-TTL – A-TTL ist vielmehr eine Blitzbetriebsart, die ihre Funktion auf die Kameraeinstellung sinnvoll abstimmt. Wenn Sie sich für die Programmautomatik der EOS entschieden haben, müssen Sie sich auch in der A-TTL-Position weder um die Blitzblende noch die Synchronzeit kümmern. Wenn Sie sich für die Zeitautomatik der EOS entschieden haben, können Sie auch in der A-TTL-Position die Blitzblende bewußt vorwählen, wenn Sie an der EOS die Blendenautomatik eingestellt haben, können Sie dagegen die Synchronzeit manuell einstellen – alles immer analog zur Belichtungssteuerung ohne Blitz. Demzufolge haben Sie natürlich auch bei der Nachführmessung der EOS die Möglichkeit, im A-TTL-Blitzbetrieb (der dann allerdings zur normalen TTL-Messung reduziert wird) Blitzblende wie Synchronzeit ganz nach Ihren Vorstellungen zu wählen.

Eine weiter perfektionierte Aufhelltechnik bietet die EOS schließlich im A-TTL-Betrieb, wenn Sie dazu an der Kamera die Programmautomatik vorwählen: Bei hellem Dauerlicht (die EOS unterstellt dann zu Recht eine Gegenlicht-Blitzaufhellung) hält sie die Blitzbelichtung automatisch etwas zurück, um den Gegenlichtcharakter der Aufnahme nicht zu zerstören. Konkret: Zwischen den Lichtwerten 10 und 13 reduziert sie die Blitzbelichtung kontinuierlich um bis zu 1,5 Lichtwerte und behält diese bewußte „Blitz-Unterbelichtung" anschließend bei. Eine „überkorrekte" Blitzaufhellung würde nämlich das vorhandene Licht zu sehr zurückdrängen und zu einem unnatürlichen Belichtungskontrast zwischen dem (zusätzlich angeblitzten) Hauptmotiv und dem (ausschließlich vom vorhandenen Licht beleuchteten) Hintergrund führen. Die A-TTL-Position garantiert damit zusammen mit der Programmautomatik immer eine ausgewogene Blitzaufhellung.

A-TTL-Blitzen mit Programmautomatik

Wenn Sie an der EOS die Programmautomatik vorwählen (im Gehäuse-Display muß dann „P" stehen, im Blitz-Display „ATTL" – natürlich nur beim 420 EZ, weil das 300 EZ kein Display hat), entscheiden Sie sich gleichzeitig auch für die Blitz-Programmautomatik. Sie müssen sich dann weder um die Synchronzeit noch um die Blitzblende kümmern – beides erledigt die EOS vollautomatisch. Sobald Sie den Auslöser antippen, erscheinen in der Sucheranzeige wie im Gehäuse-Display die von der EOS ermittelte Synchronzeit und Blitzblende – im Blitz-Display (des 420 EZ) zusätzlich nur die Blitzblende. Wenn dabei weder Verschlußzeit noch Blende blinken, können Sie von einer korrekten Belichtung ausgehen. Die EOS sorgt dann beim Aufhellblitzen auch automatisch für eine ausgewogene Helligkeitsverteilung zwischen Hauptmotiv und Hintergrund. Blinken beide Werte, so haben Sie die Blitzreichweite überschritten – das Motiv ist zu weit entfernt, Sie müssen den Aufnahmeabstand verringern. Blinkt dagegen nur der Blendenwert, so stimmt die Blitzbelichtung des Hauptmotivs zwar nach wie vor – der sehr helle Hintergrund würde aber überbelichtet, weil der EOS selbst zur kürzesten Synchronzeit keine ausreichend kleine Blendenöffnung mehr zur Verfügung steht. Das ist selbstverständlich nur beim Aufhellblitzen möglich – und da vor allem bei hochempfindlichen Filmen. Bestehen Sie dennoch auf einem korrekt belichteten Hintergrund, so reduzieren Sie am besten die Helligkeit mit einem Graufilter.

Sie sollten sich immer dann für die Blitz-Programmautomatik entscheiden, wenn Sie „nur" an einer möglichst perfekten Blitzausleuchtung interessiert sind. Gleich ob beim Aufhellblitzen im Freien (das die Blitz-Programmautomatik perfekter beherrscht als alle anderen Betriebsarten) oder für reine Blitzaufnahmen in Räumen. Nur wenn Sie ausdrücklich die Blitzblende und/oder die Synchronzeit nach Ihren Vorstellungen vorgeben wollen, müssen Sie die Blitz-Programmautomatik verlassen.

In der Vollautomatik-Position des Hauptschalters läßt die EOS ohnehin nur diese Einstellung zu – die übrigen Funktionstasten am Blitz sind dann analog zur Kamera lahmgelegt (nur die Display-Beleuchtung des 420 EZ ist noch wirksam). Aber auch wenn Sie an der EOS „Depth" vorgewählt haben, wechselt sie automatisch auf die Blitz-Programmautomatik über – obwohl im Gehäuse-Display nach wie vor „Depth" steht (!).

Blitzfunktionen der EOS mit Canon-Blitzgeräten

	A-TTL	TTL	Autofokus-Einstellblitz	Grundsätzliche Funktionsbeschreibung
Speedlite 420 EZ	ja	ja	ja	A-TTL-Blitzbetrieb je nach Belichtungs-
Speedlite 300 EZ	ja	ja	ja	Betriebsart der EOS
Speedlite 299 T	nein	nein	nein	Blitzsteuerung über den Blitz-Sensor mit
Speedlite 277 T	nein	nein	nein	autom. Blitzblenden-Übertragung auf die EOS
Speedlite 244 T	nein	nein	nein	Nicht verwendbar, da Blitzblenden-Vorwahl am Blitzgerät nicht möglich
Speedlite 577 G	nein	nein	nein	Blitzsteuerung über den Blitz-Sensor, die
Speedlite 533 G	nein	nein	nein	am Blitzgerät vorgewählte Blitzblende muß
Speedlite 199 A	nein	nein	nein	manuell auf die EOS übertragen werden
Speedlite 188 A	nein	nein	nein	
Speedlite 177 A	nein	nein	nein	
Speedlite 166 A	nein	nein	nein	
Speedlite 155 A	nein	nein	nein	

A-TTL-Blitzen mit Blendenautomatik

Wenn Sie an der EOS die Blendenautomatik einstellen (im Gehäuse-Display muß dann „Tv" stehen, im Blitz-Display des 420 EZ „ATTL"), entscheiden Sie sich gleichzeitig auch für die Blitz-Blendenautomatik. Sie müssen dann die Verschlußzeit (im Synchronbereich zwischen $\frac{1}{125}$ s und vollen 30 s) vorwählen, und die EOS steuert zunächst automatisch die zum vorhandenen Licht passende Blende ein. Zu dieser Blende steuert sie wiederum automatisch die Blitzbelichtung über die Leuchtdauer des Blitzes. Entscheidend ist aber, daß sich die Blende ausschließlich nach dem vorhandenen Licht richtet, daß die Blitzbelichtung somit auf die Blendeneinstellung keinen Einfluß hat. Die EOS sorgt so nicht nur für eine korrekte Blitzbelichtung, sondern stets auch für eine korrekte Wiedergabe des vorhandenen Lichtes. Sollten Sie übrigens versehentlich eine zu kurze Verschlußzeit vorgewählt haben, so korrigiert sie die EOS automatisch zugunsten der kürzesten Synchronzeit ($\frac{1}{125}$ s).

Sobald Sie den Auslöser antippen, erscheinen in der Sucheranzeige wie im Gehäuse-Display die vorgewählte Synchronzeit sowie die von der EOS ermittelte Blitzblende – im Blitz-Display zusätzlich nur die Blitzblende. Wenn dabei weder Verschlußzeit noch Blende blinken, können Sie wiederum – und analog zur Blitz-Programmautomatik – von einer korrekten Blitz- wie Dauerlichtbelichtung ausgehen. Blinken beide Werte, so haben Sie wiederum die Blitzreichweite überschritten – Sie müssen dann den Aufnahmeabstand verringern.

Blinkt dagegen nur die Blendenangabe, so müssen Sie unterscheiden: Ist es der Wert für die kleinste Blendenöffnung, so warnt Sie die EOS vor einer drohenden Überbelichtung des Hintergrundes, weil sie dann zur vorgewählten Synchronzeit keine ausreichend kleine Blendenöffnung mehr zur Verfügung hat. Sie müssen dann – sofern möglich – eine kürzere Synchronzeit vorwählen! Oder letztlich die Helligkeit wieder mit einem Graufilter reduzieren. Blinkt dagegen der Wert für die größte Blendenöffnung, so warnt Sie die EOS vor einer drohenden Unterbelichtung des Hintergrundes. Sie müssen dann eine längere Synchronzeit vorwählen! Bedenken Sie auch, daß dann schnell Verwacklungsgefahr droht (vor der Sie die EOS in dieser Betriebsart nicht warnt). Außerdem dürfen Sie nicht

Blitzbelichtung mit dunklem Hintergrund – für die A-TTL-Blitzautomatik ist eine korrekte Hintergrundbelichtung nicht zwingend

übersehen, daß die allein blinkende Blendenangabe immer nur vor einer Fehlbelichtung des vorhandenen Lichtes warnt – das Blitzlicht dagegen richtig dosiert wird.

Sie sollten sich generell dann für die Blitz-Blendenautomatik entscheiden, wenn Sie zusätzlich zur Blitzbelichtung des Vordergrundes die Bewegungsschärfe (oder auch -unschärfe) des Hintergrundes in die Bildwirkung miteinbeziehen wollen. Sie können so zum Beispiel die EOS mit einem schnell bewegten Hauptmotiv mitziehen, die Motivbewegung über die kurze Blitzleuchtdauer „einfrieren" – den Hintergrund dagegen durch Vorwahl einer längeren Verschlußzeit nur mehr als Wischer abbilden. Natürlich können Sie die Blitz-Blendenautomatik aber auch für Langzeitbelichtungen vom Stativ einsetzen – für geblitzte Aufnahmen in der Dämmerung oder Nacht, für die Sie auf lange Verschlußzeiten angewiesen sind, die Sie so schnell und gezielt vorwählen können.

A-TTL-Blitzen mit Zeitautomatik

Wenn Sie an der EOS die Zeitautomatik einstellen (im Gehäuse-Display muß dann „Av" stehen, im Blitz-Display des 420 EZ „ATTL"), entscheiden Sie sich gleichzeitig auch für die Blitz-Zeitautomatik. Sie müssen dann die Blende vorwählen, zu der die EOS automatisch die zum vorhandenen Licht passende Verschlußzeit einsteuert. Die Blitzbelichtung regelt sie wieder automatisch und davon unabhängig über die Leuchtdauer des Blitzes. Entscheidend ist aber –

120

analog zur Blitz-Blendenautomatik –, daß sie die Verschlußzeit ausschließlich nach dem vorhandenen Licht ausrichtet, daß die Blitzbelichtung wiederum keinen Einfluß auf diese Belichtungsdaten hat. Sie dürfen sich deshalb auch nicht wundern, wenn die EOS – obwohl Sie ja den Blitz eingeschaltet haben – bei wenig Licht mit sehr langen Verschlußzeiten belichtet.

Sobald Sie den Auslöser antippen, erscheinen in der Sucheranzeige wie im Gehäuse-Display wieder die vorgewählte Blende sowie die von der EOS automatisch ermittelte Verschlußzeit – im Blitz-Display zusätzlich nur die Blende. Wenn dabei weder Verschlußzeit noch Blende blinken, können Sie wiederum – und analog zu den übrigen Blitzprogrammen – von einer korrekten Blitz- wie Dauerlichtbelichtung ausgehen. Blinken beide Werte, so haben Sie wiederum die Blitzreichweite überschritten – Sie müssen dann den Aufnahmeabstand verringern.

In der Blitz-Zeitautomatik kann aber auch nur die Verschlußzeit blinken – dann müssen Sie wiederum unterscheiden: Ist es die kürzeste Synchronzeit ($\frac{1}{125}$ s), so warnt Sie die EOS vor einer drohenden Überbelichtung des Hintergrundes, weil dann zur vorgewählten Blende keine ausreichend kurze Synchronzeit mehr zur Verfügung steht (auch in dieser Betriebsart läßt die EOS selbstverständlich nur Synchronzeiten zu). Sie müssen dann die Blendenöffnung weiter schließen! Blinkt dagegen die längste Verschlußzeit (30 s), so warnt Sie die EOS vor einer drohenden Unterbelichtung des Hintergrundes. Sie müssen dann eine größere Blendenöffnung vorwählen! Auch in der Blitz-Zeitautomatik warnt die allein blinkende Verschlußzeit immer nur vor einer Fehlbelichtung des vorhandenen Lichtes – das Blitzlicht wird trotzdem richtig dosiert.

Sie sollten sich generell dann für die Blitz-Zeitautomatik entscheiden, wenn Sie über die Blendenvorwahl bewußt auch die Schärfentiefe beeinflussen wollen. Bei Porträts mit zusätzlicher Blitzaufhellung beispielsweise, um die selektive Schärfentiefe großer Blendenöffnungen zu nutzen. Oder um umgekehrt Vorder- wie Hintergrund durch die Vorwahl kleiner Blendenöffnungen scharf wiederzugeben. Die Blitz-Zeitautomatik eignet sich deshalb auch hervorragend für Blitz-Langzeitbelichtungen mit Stativ – besser sogar noch als die Blitz-Blendenautomatik, weil Sie dann die hierbei wichtige Schärfentiefe direkt steuern. So können Sie beispielsweise durch

Vorwahl einer kleinen Blendenöffnung dafür sorgen, daß der (vom Blitz ausgeleuchtete) Vordergrund gleichzeitig mit dem (von der Langzeitbelichtung eingefangenen) Hintergrund scharf wiedergegeben wird.

Hinzu kommt, daß Sie über die Blendenvorwahl auch den Blitzbereich direkt beeinflussen – je größer die Blendenöffnung, desto größer auch die Blitzreichweite. In der Blitz-Zeitautomatik haben Sie also direkten Einfluß auf den Blitzbereich – was zum Beispiel bei einem weit entfernten Hauptmotiv wichtig werden kann.

TTL-Blitzen mit manueller Einstellung

Wenn Sie sich für die manuelle Belichtungseinstellung der EOS entscheiden (im Gehäuse-Display muß dann „M" stehen, im Blitz-Display des 420 EZ „TTL"), können Sie auch beim Blitzen Verschlußzeit wie Blende frei vorwählen (einzige Einschränkung: Die EOS läßt auch in dieser Betriebsart nur Synchronzeiten zu). Nach wie vor dosiert die EOS aber automatisch zur vorgewählten Blende die Blitzleuchtdauer – sie arbeitet also weiter mit Blitzautomatik und sorgt so stets für die richtige Blitzbelichtung. Nur um das vorhandene Licht kümmert sie sich jetzt nicht mehr (deshalb auch nicht mehr „ATTL", sondern nur mehr „TTL").

Sobald Sie den Auslöser antippen, erscheinen in der Sucheranzeige wie im Gehäuse-Display der vorgewählte Verschlußzeiten- und Blendenwert. Im Blitz-Display des Speedlite 420 EZ wird zusätzlich der (von der Filmempfindlichkeit, dem Blendenwert und der Reflektorstellung abhängige) Blitzbereich angezeigt. Wenn Sie die Blendenvorwahl ändern, wird dementsprechend auch sofort die Blitzbereichsanzeige aktualisiert. Ebenso, wenn Sie die Reflektorposition (über die „Zoom"-Taste) manuell verändern. Die Reichweite nimmt mit größerer Blendenöffnung und längerer Brennweitenposition des Reflektors (weil sich dadurch die Leitzahl erhöht) zu.

Beim Speedlite 300 EZ können Sie die Reflektorposition manuell nicht verändern. Außerdem hat es kein Display, kann somit den Blitzbereich nicht anzeigen. Sie können ihn entweder der Tabelle entnehmen oder aber die Blitzreichweite selbst errechnen (Leitzahl dividiert durch Blende). In der manuellen Blitzautomatik sollten Sie stets über die Blitzreichweite informiert sein – die EOS kann Sie nämlich in dieser Betriebsart nicht vor dem Überschreiten des Blitzbereiches warnen, weil sie hier ohne Infrarotvorblitz arbeitet. Die „manuelle" Blitzautomatik bietet zum einen die Möglichkeit, den Hintergrund bewußt fehlzubelichten (indem Sie ihn beispielsweise so unterbelichten, daß er nicht mehr zu sehen ist). Und sie bietet die Möglichkeit, den Blitzbereich über die Blendenvorwahl gezielt zu beeinflussen – ohne daß sich gleichzeitig die Verschlußzeit automatisch der Blendenveränderung anpaßt, wie das bei der Blitz-Zeitautomatik der Fall ist. Wenn Sie also an größtmöglicher Blitzreichweite interessiert sind (dabei aber nicht auf die beim 420 EZ mögliche manuelle Blitzsteuerung umschalten wollen) und auf eine korrekte Hintergrundbelichtung keinen Wert legen, ist die manuelle Blitzautomatik ideal.

Ausstattungskomfort der Systemblitzgeräte

Automatischer Zoomreflektor

Neben ihrer grundsätzlich identischen Blitzsteuerung bieten die beiden EOS-Systemblitzgeräte weitere Gemeinsamkeiten: Beide haben einen Zoomreflektor, der den Blitzleuchtwinkel automatisch der Objektivbrennweite anpaßt (auch während des Zoomens) und so bei längeren Brennweiten die Leitzahl anhebt (der Leuchtwinkel ändert sich übrigens deshalb, weil der Reflektor innerhalb des Gehäuses vor- und zurückgeschoben wird). Das Speedlite 300 EZ bietet Zoomreflektor-Positionen für 28, 35, 50 und 70 mm Brennweite, das Speedlite 420 EZ zusätzlich Positionen für 24 und 80 mm. Beim 420 EZ können Sie die Reflektorposition auch manuell vorwählen (nur nicht bei der A-TTL-Programmautomatik). Praktische Vorteile verspricht das allerdings nur für die manuelle Blitzsteuerung, weil Sie dann auch über die Reflektorstellung den Blitz dosieren können. Die automatisch eingestellte Zoomreflektor-Position ist übrigens in der Regel etwas kürzer als die Objektivbrennweite – weil die EOS im Interesse einer möglichst gleichmäßigen Blitzausleuchtung den Leuchtwinkel lieber etwas großzügiger wählt.

Mit niedriger Spannung schneller blitzen

Dann bieten beide Systemblitzgeräte die Möglichkeit, bereits bei nicht voll geladenem Kondensator mit niedrigerer Spannung zu blitzen: Die Blitzfolgezeit ist dann zwar kurz, die Leitzahl aber deutlich niedriger (je nach Ladezeit höchstens gut die Hälfte der regulären Leitzahl), was natürlich auch eine entsprechend geringere Reichweite zur Folge hat. Hauptvorteil dieser Einrichtung ist somit die (nach dem Einschalten des Blitzgerätes) fast unmittelbar einsetzende Blitzbereitschaft. Die Blitzbereitschaftsanzeige am Blitzgerät leuchtet dann zunächst grün – denn erst Rot signalisiert die volle Kondensatorspannung (und damit Leitzahl und Blitzreichweite). Die schnelle „grüne" Blitzbereitschaft steht allerdings nur im A-TTL-Blitzbetrieb zu Verfügung (also nur mit der Programm-, der Zeit- und der Blendenautomatik der EOS).

Energiesparschaltung und Energieversorung

Beide Systemblitzgeräte verfügen über eine sogenannte Energiesparschaltung (SE-Funktion für Save Energy), die die Stromzufuhr nach fünf Minuten automatisch abschaltet, wenn Sie das Blitzgerät nicht benutzen. Beim 420 EZ blinken die Display-Anzeigen vor dem Abschalten 30 Sekunden lang. Um den Kondensator wieder voll zu laden, müssen Sie nur den Kameraauslöser kurz antippen – Sie müssen das Blitzgerät also nicht erst aus- und dann wieder einschalten. Sie können übrigens das 300 EZ und das 420 EZ mit Batterien wie auch Akkus bestücken. Akkus bieten (aufgrund ihres geringeren Innenwiderstandes) etwas schnellere Blitzfolgezeiten, sind unempfindlicher gegen Minustemperaturen, liefern dafür aber eine geringere Blitzzahl. Letztendlich lohnen sich Akkus aber nur dann, wenn Sie wirklich sehr häufig blitzen.

Synchronisation auf den zweiten Verschlußvorhang

Bei beiden Speedlites können Sie zudem die Blitzsynchronisation variieren und so den Blitzzeitpunkt (und damit die Bildwirkung) bei geblitzten Langzeitbelichtungen beeinflussen. Normalerweise sind Blitzgeräte auf den ersten Verschlußvorhang synchronisiert – der

Blitz wird dann sofort ausgelöst, sobald der von den Verschlußvor-
hängen gebildete Schlitz das gesamte Bildformat freigibt. Bei der
Synchronisation auf den zweiten Verschlußvorhang wird der Blitz
dagegen erst im letzten Moment dieser für die Synchronisation zur
Verfügung stehenden Phase ausgelöst – nämlich kurz bevor der
zweite Verschlußvorhang das Bildformat wieder abdeckt. Bei kurzen Synchronzeiten kommt diesem Unterschied natürlich keinerlei
Bedeutung zu, bei längeren Synchronzeiten entscheidet der Syn-
chronisationszeitpunkt aber über die Belichtungsreihenfolge: Wäh-

Brennweitenabhängige Zoomreflektor-Position beim Speedlite 420 EZ

Objektiv-Brennweite	Zoomreflektor-Position
Bis 28 mm	24 mm
28 – 35 mm	28 mm
35 – 50 mm	35 mm
50 – 70 mm	50 mm
70 – 80 mm	70 mm
Über 80 mm	80 mm

Anmerkung: Die Zoomreflektor-Position des
Speedlite 420 EZ paßt sich automatisch der
Objektiv-Brennweite an (und unterscheidet dabei
insgesamt 32 Brennweiten-Positionen), wählt die
Reflektor-Position (und damit den Leuchtwinkel)
aber etwas reichlicher, um auch dadurch zu einer
gleichmäßigeren Blitz-Ausleuchtung beizutragen.

rend bei der Synchronisation auf den ersten Verschlußvorhang das Blitz- vor dem Dauerlicht aufgezeichnet wird, ist es bei der Synchronisation auf den zweiten Verschlußvorhang umgekehrt. Von dieser Belichtungsreihenfolge hängt aber bei geblitzten Langzeitbelichtungen die Bildwirkung entscheidend ab: Während im ersten Fall – Motivbeispiel: Nachtaufnahme eines fahrendes Autos mit hell erleuchteten Scheinwerfern – das Auto sofort angeblitzt wird, die anschließende Langzeitbelichtung den Lichtkegel der Scheinwerfer also in Fahrtrichtung vor dem Auto abbilden muß, wird bei der verzögerten Synchronisation zunächst der Lichtkegel abgebildet, der dem Auto dann als dynamischer Wischeffekt folgt. In vielen Fällen liefert die Synchronisation auf den zweiten Verschlußvorhang so die bessere Bildwirkung, weil den natürlicheren und glaubhafteren Wischeffekt. Beim Speedlite 420 EZ steuern Sie die Synchronisation über die „SYNC"-Drucktaste (wobei die Synchronisation auf den zweiten Verschlußvorhang im Display symbolisiert wird), beim 300 EZ über einen mit den entsprechenden Symbolen markierten Schiebeschalter.

Der Autofokus-Einstellblitz

Beide Blitzgeräte lösen (natürlich nur, wenn sie eingeschaltet sind) bei schlechten Lichtverhältnissen automatisch Autofokus-Einstellblitze aus, die ein senkrechtes, rotes Streifenmuster projizieren und so dem Autofokus den zur Scharfeinstellung notwendigen Kontrast liefern. Der Arbeitsbereich des Einstellblitzes ist auf den Blitzbereich abgestimmt und deshalb beim Speedlite 300 EZ (0,9 bis 6 Meter) etwas geringer als beim Speedlite 420 EZ (0,9 bis 8 Meter). Das 420 EZ projiziert darum auch ein aufwendigeres, etwas ineinander verschachteltes Streifenmuster. Obwohl das Autofokus-Meßsystem der EOS bis zum Lichtwert „1" arbeitet, werden die Einstellblitze bereits deutlich vorher ausgelöst – immer jedoch nur bei schlechten Lichtverhältnissen. Sie können auch (bei guten Lichtverhältnissen) nicht manuell zugeschaltet werden, um beispielsweise bei zwar hellen, aber kontrastlosen Flächen dem Meßsystem den fehlenden Kontrast zu ersetzen.

Was das Speedlite 420 EZ mehr kann

Neben der höheren Leitzahl und der etwas besseren Detailausstattung (Display, manuelle Reflektorverstellung) bietet das Speedlite 420 EZ gegenüber dem 300 EZ zwei entscheidende Vorteile: einen Reflektor, der sich vertikal wie horizontal schwenken läßt, dann aber auch die Möglichkeit, manuell mit unterschiedlichen Leistungsstufen zu blitzen.

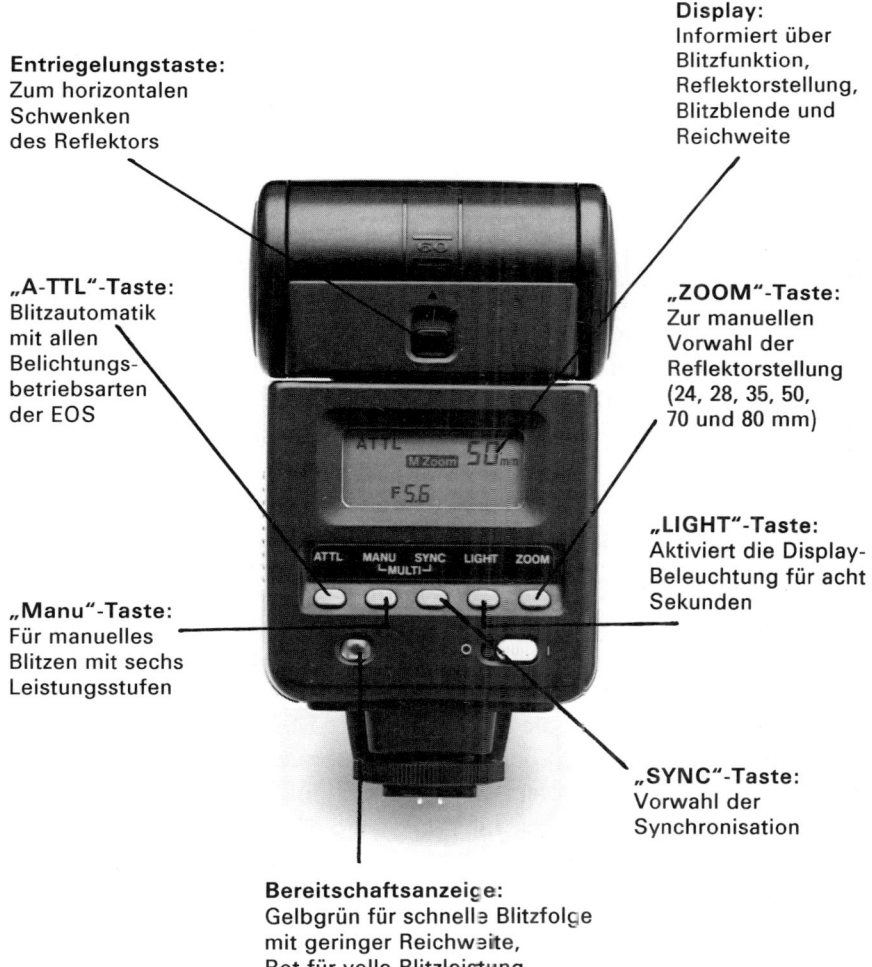

Display:
Informiert über Blitzfunktion, Reflektorstellung, Blitzblende und Reichweite

Entriegelungstaste:
Zum horizontalen Schwenken des Reflektors

„A-TTL"-Taste:
Blitzautomatik mit allen Belichtungs-betriebsarten der EOS

„ZOOM"-Taste:
Zur manuellen Vorwahl der Reflektorstellung (24, 28, 35, 50, 70 und 80 mm)

„LIGHT"-Taste:
Aktiviert die Display-Beleuchtung für acht Sekunden

„Manu"-Taste:
Für manuelles Blitzen mit sechs Leistungsstufen

„SYNC"-Taste:
Vorwahl der Synchronisation

Bereitschaftsanzeige:
Gelbgrün für schnelle Blitzfolge mit geringer Reichweite, Rot für volle Blitzleistung

Mit dem Schwenkreflektor indirekt blitzen

Sie können den Reflektor des Speedlite 420 EZ vertikal um 90 Grad und – wenn Sie die Entriegelungstaste nach oben schieben – horizontal um 180 Grad (nach links) bzw. 90 Grad (nach rechts) schwenken. So können Sie immer – für Hoch- wie Querformataufnahmen – indirekt blitzen, also nicht direkt auf das Motiv, sondern über den Umweg einer Zimmerdecke oder Wand, die möglichst hell und farbneutral (weiß) sein sollte. Durch indirektes Blitzen sorgen Sie für eine weichere, gleichmäßigere Ausleuchtung ohne harte Schlagschatten.

Die automatische Blitzsteuerung der EOS bleibt auch beim indirekten Blitzen in sämtlichen Betriebsarten wirksam – der Lichtverlust hat lediglich eine (um rund die Hälfte) reduzierte Reichweite zur Folge. Wenn Sie den Zoomreflektor manuell in die 80-mm-Position fahren (beim indirekten Blitzen wird das Blitzlicht ohnehin gestreut und damit der ursprüngliche Leuchtwinkel relativ bedeutungslos), können Sie allerdings den Reichweitenverlust wieder etwas ausgleichen. Die Blitzreichweite erfährt die EOS beim indirekten Blitzen übrigens nicht mehr durch den zusätzlichen Infrarotvorblitz, sondern über einen „echten", indirekten Vorblitz (mit fünf Prozent der vollen Leistung). Auch beim indirekten Blitzen warnt sie so zuverlässig vor einem Überschreiten des Blitzbereiches.

Manuelle Leistungsstufen für schnelle Blitzfolge

Im Gegensatz zum Speedlite 300 EZ bietet das 420 EZ die Möglichkeit, den A-TTL-Betrieb zu verlassen, um die Blitzbelichtung (nunmehr ohne Blitzinnenmessung und automatische Regelung der Leuchtdauer) manuell zu steuern. Zunächst in sechs unterschiedlichen Leistungsstufen (die Sie über die „MANU"-Taste abrufen), wobei die Blitzleistung (ausgehend von der vollen Leistung mit voller Leitzahl) immer halbiert wird, bis schließlich nur mehr $1/32$ der Volleistung zur Verfügung steht (die Display-Anzeigen dazu: M 1/1 – M 1/2 – M 1/4 – M 1/8 – M 1/16 – M 1/32). Unterschiedliche Leistungsstufen bedeuten also Blitze unterschiedlicher Leitzahl und damit auch unterschiedlicher Reichweite und Leuchtdauer. Aber auch – was ganz entscheidend ist – unterschiedliche Blitzfolgezeiten. Mit der Leitzahl nehmen Reichweite und Leuchtdauer zu – und die Intervalle zwischen den Blitzen werden länger.

Über die Leistungsstufen können Sie also die Reichweite (für sehr weit entfernte Motive), die Leuchtdauer (um mit ultrakurzen Leuchtzeiten extrem schnelle Bewegung einzufrieren) und die Blitzfolge (für schnelle Motorfolgen) regulieren – wobei der Blitzfolge die Hauptbedeutung zukommt. Sie können so mit maximal fünf Blitzen pro Sekunde (Leistungsstufe 1/32) mühelos mit der Bildfrequenz des EOS-Transportmotors (maximal drei Bilder pro Sekunde) mithalten.

Prinzipiell müßten Sie beim manuellen Blitzen mit Leistungsstufen Blende und Entfernung über die Leitzahlformel berechnen – das Speedlite erübrigt das jedoch und zeigt im Display immer sofort die zur vorgewählten Leistungsstufe und Blende, für eine korrekte Blitzbelichtung notwendige Entfernung an (bei ausgeschwenktem Reflektor ist das natürlich nicht mehr möglich). Umgekehrt können Sie so natürlich auch die Blende oder Leistungsstufe auf die Entfernung abstimmen. Über die unterschiedlichen Zoomreflektor-Positionen (mit ihren unterschiedlichen Leitzahlen) haben Sie übrigens indirekt weitere Leistungsstufen zur Verfügung – auch das wird bei der Entfernungsangabe im Display mitberücksichtigt.

Schließlich sollten Sie den Blitz auch dann manuell steuern, wenn Sie falsche Meßergebnisse der Automatik befürchten müssen – starke Lichtreflexe etwa täuschen der Blitzinnenmessung ebenso zuviel Helligkeit vor wie überwiegend weiße Motive (Unterbelichtungsgefahr), während umgekehrt außergewöhnlich dunkle Motive eine Überbelichtung hervorrufen können. Auch sehr kleine Hauptmotive kann die Blitzinnenmessung nicht mehr präzise genug erfassen. Sie müssen dann den Blitz manuell passend zur Motiventfernung steuern (können sich also auch dabei auf die Display-Angaben verlassen).

Stroboskopeffekt für geblitzte Bewegungssequenzen

Mit dem Stroboskopeffekt können Sie Bewegung in geblitzten Einzelsequenzen auf einem Bild festhalten. Voraussetzung ist eine extrem schnelle Blitzfolge, die das Speedlite 420 EZ über die niedrigen Leistungsstufen zur Verfügung stellt. Letztendlich haftet

dem Stroboskopeffekt somit nichts Geheimnisvolles an – er ist lediglich eine Mehrfachblitzbelichtung, die die Motivbewegung auf
einem einzigen Bild in Einzelphasen festhält. Je mehr solcher
Einzelphasen, desto interessanter der Effekt.

Zunächst stellen Sie für den Stroboskopeffekt – und völlig analog
zur normalen manuellen Blitzsteuerung – die Leistungsstufe ein,
wobei Sie sich allerdings auf „M 1/32" oder zumindest „M 1/16"
beschränken sollten, denn nur so schaffen Sie über eine entsprechend schnelle Blitzfolge die Voraussetzungen für vier bis fünf
Blitzbelichtungen und damit Einzelphasen. Wenn Sie jetzt die
„MANU"- und die „SYNC"-Taste gleichzeitig drücken, können Sie
anschließend die Blitzzahl an der „SYNC"-Taste eingeben. Das
Display zeigt dazu die Frequenz in Hertz („HZ") an, die praktisch der
Blitzzahl pro Sekunde entspricht. Wenn Sie „5 HZ" einstellen, haben
Sie fünf Einzelbelichtungen und damit den optimalen Stroboskop-
effekt.

130

Stroboskopeffekt mit drei Blitzbelich-
tungen – eine Sekunde Belichtungs-
dauer und Frequenzvorwahl auf
„3 HZ"

Damit der Stroboskopeffekt richtig zur Geltung kommt, müssen Sie
für einen möglichst dunklen Hintergrund sorgen. Sie sind also auf
die kürzestmögliche Synchronzeit angewiesen – und das ist in diesem Fall eine Sekunde, weil Sie bei kürzeren Synchronzeiten nicht
mehr fünf Blitz-Einzelbelichtungen auf einem Bild „unterbringen".
Die Verschlußzeit ist damit quasi vorgegeben, die Blende letztlich
auch, weil Sie sie (über die Reichweitenanzeige auf dem Display)
auf die Motiventfernung abstimmen müssen – auch das völlig
analog zur normalen manuellen Blitzsteuerung. Sie können – falls
notwendig – auch versuchen, über die Reflektorposition zu möglichst kleinen Blendenöffnungen zu kommen, um so den Hintergrund dunkler zu halten. Wenn Sie die EOS auf einem Stativ befestigt haben, müssen Sie jetzt nur noch auslösen.

VII. Teil

Wechselobjektive

Natürlich können Sie die Brennweite Ihres EOS-Objektivs ausschließlich nach dem gewünschten Ausschnitt, nach der gewünschten Motivgröße wählen – Weitwinkelobjektive, um möglichst viel vom Motiv abzubilden, Teleobjektive, um größere Entfernungen zu überbrücken und um Entferntes groß ins Bild zu rücken. Die brennweitenspezifischen Eigenschaften und Möglichkeiten haben Sie dann allerdings noch nicht genutzt – den bewußten Einsatz der brennweitenabhängigen Schärfentiefe, die Möglichkeit, über die Brennweite zusammen mit dem Aufnahmestandpunkt die Perspektive und damit die Raumtiefe zu steuern.

Genau darum geht es jetzt. Um die Brennweite und ihre Eigenschaften. Um die Objektive der EOS, ihre Möglichkeiten und ihren optimalen Einsatz. Um Nah- und Makroaufnahmen mit der EOS und ihren Objektiven, schließlich aber auch darum, wie Sie Filter am sinnvollsten einsetzen – und was Sie dabei mit der EOS beachten müssen.

1. Objektiv-Grundlagen

Die wichtigste Eigenschaft eines Objektivs ist die Brennweite – je nach Brennweite werden Objektive ja auch in unterschiedliche Klassen eingeteilt. Die Brennweite ist zunächst einmal eine rein physikalische Größe, die den Abstand zwischen dem Linsenmittelpunkt und ihrem Brennpunkt in Millimetern angibt.

Die Brennweite charakterisiert das Objektiv

Zugegeben, das klingt zunächst reichlich abstrakt. Es wird aber sehr anschaulich, wenn Sie sich das Objektiv dazu als eine Sammellinse (als ein „Brennglas") vorstellen (was es letztendlich ja auch ist). Diese Sammellinse bündelt (sammelt) die von jedem Motivpunkt einfallenden Lichtstrahlen so, daß sie sich in einer bestimmten Entfernung hinter der Linse wieder vereinigen – dem Brennpunkt. Die Brennweite gibt diese Entfernung für aus dem Unendlichen (also parallel) eintreffende Lichtstrahlen an. Die Brennweite ist somit der Abstand von der Linse, der notwendig ist, um einen unendlich weit entfernten Gegenstand scharf abzubilden. Letztendlich ist die Brennweite damit ein Maß für die Brechkraft einer Linse (eines Objektivs).

Eine Linse bündelt die Lichtstrahlen übrigens deshalb, weil Licht beim Wechsel von einem Medium (Luft) auf ein anderes (Glas) – aber auch von Glassorte zu Glassorte – seine Geschwindigkeit und – wenn die Übertrittsflächen nicht parallel zur Lichtrichtung stehen – seine Richtung ändert. Diese Richtungsänderung (Lichtbrechung) läßt sich über die Form und Auswahl der Glas- und Kunststoffmaterialien eines Objektivs steuern. Objektive sind so komplexe Gebilde aus Linsen unterschiedlicher Form und aus unterschiedlichen Materialien, die jeweils in Baugruppen (Elementen) angeordnet sind. Die derzeit zur EOS angebotenen Objektive weisen zum Beispiel wenigstens fünf, im Extremfall aber bis zu zwölf Einzellinsen auf. Daß Objektive deshalb auch keinen eigentlichen „Linsenmittelpunkt" mehr haben können, leuchtet ein. Sie können ihn sich aber als den theoretischen Mittelpunkt vorstellen, als das optische Zentrum eines Objektivs.

Brennweite und Abbildungsmaßstab

Die Brennweite (Brechkraft) eines Objektivs entscheidet darüber, wie groß ein Gegenstand abgebildet und damit auf dem Film wiedergegeben wird. Die Brennweite, heißt es deshalb, bestimmt den Abbildungsmaßstab (das ist das Verhältnis zwischen der auf dem Film wiedergegebenen und der tatsächlichen Größe eines Motivs, also zwischen Bild- und Gegenstandsgröße). Je länger die Brennweite, desto geringer die Brechkraft und damit der erfaßte und auf dem Film wiedergegebene Motivausschnitt – desto größer folglich der Abbildungsmaßstab (und natürlich umgekehrt). Der Abbildungsmaßstab ist übrigens proportional zur Brennweite: Eine doppelt so lange Brennweite gibt demzufolge ein Motiv doppelt so groß wieder. Daß sich dieser Abbildungsmaßstab auch mit der Entfernungseinstellung ändert (je näher, desto größer), ändert nichts daran, daß zunächst die Brennweite den Abbildungsmaßstab vorgibt (und ihn die Entfernungseinstellung dann „variiert").

Brennweite und Bildwinkel

Unterschiedliche Brennweiten erfassen somit unterschiedliche Motivausschnitte. Wie groß der Gegenstand aber letztlich auf dem Film „herauskommt" (abgebildet wird), hängt natürlich auch vom Aufnahmeformat ab (der Filmfläche, die zur Belichtung genutzt wird). Die Brennweite allein – so entscheidend sie ein Objektiv auch charakterisiert – läßt noch keinen definitiven Rückschluß auf den Abbildungsmaßstab zu – auf den es aber im Endeffekt ankommt. Klarheit schafft da erst der sogenannte Bildwinkel, der den vom Objektiv erfaßten Motivausschnitt eindeutig dem Aufnahmeformat zuordnet (zumeist der Diagonalen des Aufnahmeformates – so auch bei den Bildwinkelangaben für die EOS-Objektive). Erst der Bildwinkel eines Objektivs definiert den Abbildungsmaßstab – auf den Bildwinkel kommt es letztendlich mehr an als auf die Brennweite. Dennoch steht auf den EOS-Objektiven nur die Brennweite in Millimetern (während der Bildwinkel nicht angegeben wird). Weil aber klar ist, daß die EOS ihre Brennweitenangaben auf die von ihr genutzten Kleinbildfilme bezieht (24 × 36-mm-Aufnahmeformat), lassen diese eindeutige Rückschlüsse auf den jeweiligen Bildwinkel zu. Wie die Brennweite bezieht sich natürlich auch der Bildwinkel auf die Unendlich-Einstellung des Objektivs.

Die Lichtstärke ist kein Qualitätsmaßstab

Im Gegensatz zur Brennweite und zum Bildwinkel sagt die Lichtstärke wenig über die grundlegenden Eigenschaften eines Objektivs aus. Genausowenig, wie sie übrigens einen Qualitätsmaßstab abgibt. Die Lichtstärke ist zunächst – geometrisch betrachtet – eine Verhältniszahl, nämlich das Verhältnis des Frontlinsendurchmessers zur Brennweite „Frontlinsendurchmesser" ist freilich nicht ganz richtig, denn tatsächlich ist die „effektive Objektivöffnung" gemeint, die schon deshalb etwas kleiner als der Frontlinsendurchmesser sein muß, weil sich der Lichtkegel im Objektiv verjüngt.

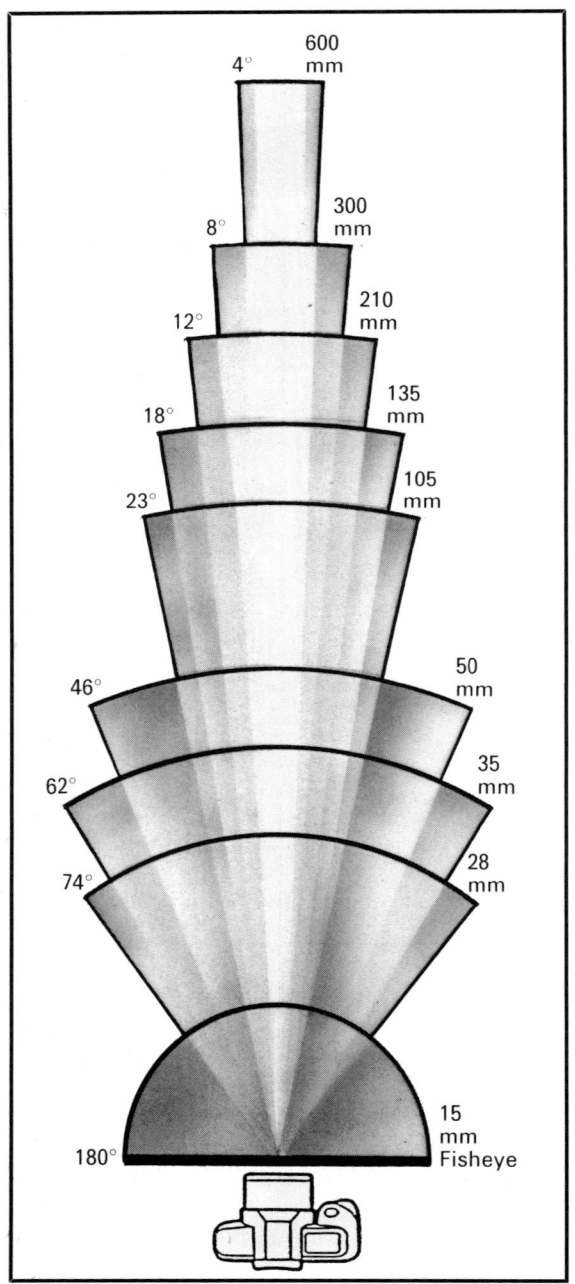

Bildwinkelvergleich der wichtigsten Brennweiten im EOS-Objektivprogramm. Je kürzer die Brennweite, desto größer Bildwinkel und damit erfaßter Motivbereich

Lichtstärke und Anfangsöffnung

Ein Objektiv mit 25 mm effektiver Öffnung („Frontlinsendurchmesser") und 50 mm Brennweite hat demnach eine Lichtstärke 1:2. Dieser Wert ist zugleich die größte Blendenöffnung – weshalb die Lichtstärke oftmals auch als „Anfangsöffnung" bezeichnet wird. Die Lichtstärke ist also immer auch ein Blendenwert – nämlich der Blendenwert bei voller Blendenöffnung. Die Lichtstärke ist auf allen EOS-Objektiven als zweiter Wert hinter der Brennweite angegeben. Zum Beispiel 50 mm 1:1,8. Aus konstruktiven Gründen weicht die Lichtstärke (wie bei dem angegebenen Beispiel) oftmals von der normierten Blendenskala ab. Die übliche Schreibweise ist übrigens 1,8/50 mm – man läßt den Bruch der Einfachheit halber zumeist wegfallen.

Die Lichtstärke sagt somit nichts über die Lichtdurchlässigkeit oder gar Qualität des verwendeten Glases aus. So muß zum Beispiel – bei identischer Lichtstärke – ein Objektiv mit längerer Brennweite einen größeren „Frontlinsendurchmesser" haben als ein Objektiv kürzerer Brennweite. Das 2,8/300-mm-Teleobjektiv der EOS hat zum Beispiel rund 100 mm Frontlinsendurchmesser. Und so wird auch klar, warum viele Zoomobjektive, also Objektive mit variabler Brennweite, auch eine „variable" Anfangsöffnung haben – zum Beispiel das EOS-Zoom 3,5–4,5/35–105 mm mit Lichtstärke 3,5 für 35 mm Brennweite und (kontinuierlichem Abfall auf) Lichtstärke 4,5 für 105 mm Brennweite. Da die EOS das Licht (auch das Blitzlicht) erst hinter dem Objektiv mißt (Innenmessung), berücksichtigt sie das bei der Belichtung jedoch automatisch.

Vorteile lichtstarker Objektive

Die Vorteile lichtstarker Objektive ergeben sich zunächst aus dem Zusammenspiel zwischen Zeit und Blende: Je größer die Blendenöffnung, desto kürzer die Verschlußzeit. Lichtstarke Objektive erlauben somit – bei identischen Lichtverhältnissen – kürzere Verschlußzeiten als weniger lichtstarke. Lichtstarke Objektive sind somit ideal für schlechte Lichtverhältnisse, weil sie dann kürzere Verschlußzeiten mit geringerer Verwacklungsgefahr ermöglichen. Und sie bieten damit natürlich auch bessere Voraussetzungen, um mit extrem kurzen Verschlußzeiten Bewegung „einzufrieren".

Schließlich erweitert die höhere Lichtstärke über ihre geringere Schärfentiefe auch den Gestaltungsspielraum – selektive Schärfe können Sie mit lichtstarken Objektiven noch gezielter einsetzen.

Der Abbildungsmaßstab bestimmt die Schärfentiefe

Warum die Schärfentiefe – also der als scharf akzeptierte Bereich vor und hinter der letztlich nur wirklich scharfen Einstellebene – von der Blende wie dem Abbildungsmaßstab abhängt, können Sie unter „Was die Blende bewirkt" nachlesen. Sie müssen sich für den praktischen Einsatz von Wechselobjektiven ohnehin nur folgendes merken: Je größer der Abbildungsmaßstab (je größer das Motiv im Verhältnis zu seiner natürlichen Größe auf dem Film wiedergegeben wird), desto geringer die Schärfentiefe.

Zwei Aufnahmen mit dem 3,5–4,5/35–105-mm-Zoom: Porträt mit der längsten Brennweite und voller Blendenöffnung für geringe Schärfentiefe (Zeitautomatik), rechts große Schärfentiefe mit der Anfangsbrennweite („Depth")

Je länger also die Brennweite, desto größer der Abbildungsmaß-
stab – und desto geringer damit die Schärfentiefe. Und umgekehrt:
Je kürzer die Brennweite, desto größer der Schärfentiefebereich.
Soweit der wesentliche Zusammenhang zwischen Brennweite und
Schärfentiefe.

Daß die Schärfentiefe auch mit kürzerer Einstellentfernung und
dem dann größeren Abbildungsmaßstab abnimmt – und umgekehrt
bei zunehmender Aufnahmeentfernung wieder zunimmt –, muß
immer und auch unabhängig von der Brennweite so sein. Gleiches
gilt für die Blendeneinstellung: Je größer die Blendenöffnung,
desto geringer die Schärfentiefe (und umgekehrt) – auch das
wieder grundsätzlich und unabhängig von der Brennweite.

Die größtmögliche Schärfentiefe erzielen Sie also mit Objektiven
möglichst kurzer Brennweite, die Sie möglichst weit abblenden
(kleine Blendenöffnung). Die kleinstmögliche (selektive) Schärfentiefe erzielen Sie dagegen mit Objektiven möglichst langer Brennweite, die Sie zudem möglichst weit aufblenden (große Blendenöffnung).

Der Standpunkt bestimmt die Perspektive

Gleich große Gegenstände können natürlich nur dann auch auf dem
Film in gleicher Größe wiedergegeben werden, wenn sie gleich weit
entfernt sind. Ein weiter entfernter Gegenstand wird – das ist ebenso eindeutig – kleiner wiedergegeben als ein näher gelegener. Das
ist keine Frage der Brennweite oder des Bildwinkels, sondern allein
der Zentralperspektive: Entferntes wirkt kleiner als Nahes – für das
Auge wie für das Objektiv.

Umgekehrt besagen so die Größenverhältnisse auf dem Film nichts
über die tatsächlichen Größenunterschiede. Was Sie aus kurzer
Entfernung fotografieren, wirkt im Verhältnis zum Hintergrund
überdimensioniert – die Perspektive ist „steil". Mit zunehmender
Entfernung verringert sich der Größenunterschied – die Perspektive
wird „flacher". Die Perspektive ist somit ausschließlich eine Frage
des Aufnahmestandpunktes – und keineswegs eine Objektiveigen-
schaft.

Warum Aufnahmen mit Weitwinkelobjektiven dennoch eine „steilere", Aufnahmen mit Teleobjektiven dagegen eine „flachere" Per-

Der Standpunkt bestimmt die Perspektive: oben längere Brennweite (105 mm) und weiterer Aufnahmeabstand, unten kürzere Brennweite (28 mm) und kürzere Aufnahmeentfernung

28 mm   35 mm

50 mm   80 mm

105 mm   210 mm

*Brennweite und Bildwinkel bestimmen den Motivausschnitt.
Alle Aufnahmen vom gleichen Aufnahmestandpunkt mit den
wichtigsten Brennweiten der EOS-Objektive*

spektive haben, ist einfach zu erklären: Weitwinkelobjektive erfassen mit ihrem großen Bildwinkel einen größeren Bildausschnitt, zwingen so oftmals zu kürzeren Aufnahmeabständen und „provozieren" so eine „steilere" Perspektive mit übertrieben wirkenden Größenunterschieden. Umgekehrt fördern Teleobjektive mit ihrem engen Bildwinkel weitere Aufnahmeabstände mit flacherer, dichtgedrängter Perspektive, die die Größenunterschiede scheinbar aufhebt.

Daß die Perspektive tatsächlich nur eine Frage des Aufnahmestandpunktes ist, können Sie übrigens einfach nachvollziehen: Wenn Sie sich aus einem mit einem Weitwinkelobjektiv aufgenommenen Foto nur den kleinen Ausschnitt ansehen (am besten nachträglich herausvergrößern lassen), den Sie parallel (und vom gleichen Standpunkt aus) mit einem Teleobjektiv aufgenommen haben, werden Teleaufnahme und Ausschnittvergrößerung eine identische Perspektive aufweisen.

Die Brennweitenklassen

Standardobjektive

Nach ihrem Bildwinkel werden Objektive in Standard-, Weitwinkel- und Teleobjektive eingeteilt (mit weiteren Unterteilungen). Standardobjektive haben einen Bildwinkel, der etwa unserer menschlichen Sehweise entspricht (obwohl das Auge einen Winkel von fast 100 Grad erfassen kann, sieht es letztlich nur in einem Bildausschnitt von 40 bis 50 Grad wirklich scharf). Standardobjektive (oder auch „Normalobjektive") haben deshalb einen Bildwinkel um 45 Grad, was – auf das Kleinbildformat bezogen – etwa 45 mm Brennweite entsprechen würde. Tatsächlich haben sich jedoch Objektive mit 50 mm Brennweite im Kleinbildformat als Standardobjektive durchgesetzt. Mit dem 50-mm-Standardobjektiv der EOS sehen Sie das Motiv auch durch den Sucher etwa genauso groß wie mit bloßem Auge.

Weitwinkel- und Teleobjektive

Weitwinkelobjektive haben einen größeren (weiteren) Bildwinkel (und eine kürzere Brennweite) als Standardobjektive, erfassen also einen größeren Motivausschnitt, lassen durch ihren kleineren Abbildungsmaßstab das Motiv kleiner und weiter weg erscheinen. Teleobjektive haben dagegen einen kleineren (engeren) Bildwinkel (und eine längere Brennweite) als Standardobjektive, erfassen also einen kleineren Motivausschnitt, lassen durch ihren größeren Abbildungsmaßstab das Motiv größer und näher erscheinen.

Zoomobjektive

Zoomobjektive haben schließlich weder einen festen Bildwinkel noch eine feste Brennweite – durch Verschieben einzelner Linsen oder Linsengruppen werden Bildwinkel und Brennweite innerhalb des Zoombereichs stufenlos eingestellt. Zoomobjektive lassen sich dadurch nicht mehr in die üblichen Brennweitenkategorien einreihen, wenn sie – wie auch vier der Zoomobjektive, die derzeit für die EOS angeboten werden – vom Weitwinkel- bis in den Telebereich reichen.

Als Zoom-Faktor wird übrigens das Verhältnis von längster zu kürzester Zoom-Endbrennweite bezeichnet. Beim EOS-Zoom 35–105 mm wäre das zum Beispiel der Faktor 3:1 – dieses Zoom hat somit einen Dreifach-Zoombereich. Zoomobjektive sind optisch aufwendiger als Objektive mit fester Brennweite, weisen in der Regel mehr Linsen auf und sind deshalb lichtschwächer.

2. Die Objektive der EOS

Da Canon mit der EOS zugleich ein völlig neues Kamerasystem mit ebenso neuem EF-Objektiv-Anschluß (Bajonett) konzipiert hat, können Sie an der EOS die konventionellen Canon-FD-Objektive nicht verwenden. Es wird übrigens auch in Zukunft keine sinnvolle Möglichkeit geben, FD-Objektive an die EOS zu adaptieren.

Die Ausstattung der EOS-Objektive

Alle EOS-Objektive haben einen breiten Scharfstellring, der im Autofokus-Betrieb nicht benötigt und ausgekuppelt wird. Sie können ihn deshalb jederzeit berühren oder festhalten, während der Autofokus-Steuermotor das Objektiv in Schärfeposition fährt. Sämtliche Objektive haben außerdem eine Entfernungsskala, auf die Sie eine gemessene (oder auch geschätzte) Einstellentfernung übertragen können – wenn Sie diese (im Makrobereich) besonders präzise ermitteln müssen, können Sie sie auch exakt ab Filmebene messen – nämlich ab der Filmebenenmarkierung (die weiße Markierung links neben dem Kamera-Hauptschalter zeigt die genaue Lage der Filmebene an).

Das EOS -Objektivprogramm

EF-Objektiv	AF-Motor AFD	AF-Motor USM	Bildwinkel in Grad	Blendenbereich	Nahgrenze in Meter	Filter-gewinde (mm)	Länge in mm	Gewicht in Gramm
Fisheye 2,8/15 mm	X		180	2,8 bis 22	0,2	Filterhalter	62	360
2,8/28 mm	X		75	2,8 bis 22	0,3	52	43	185
1,0/50 mm L		X	46	1,0 bis 16	0,6	72	80	960
1,8/50 mm	X		46	1,8 bis 22	0,45	52	43	190
Softfocus 2,8/135 mm	X		18	2,8 bis 32	13	52	99	410
2,8/300 mm L		X	8	2,8 bis 32	10	Einsteckfilter 48 mm	243	2850
3,5-4,5/28-70 mm	X		75-34	3,5 bis 29	0,5	52	75	300
2,8-4/28-80 mm L		X	75-30	2,8 bis 32	0,75	72	122	940
3,5-4,5/35-70 mm	X		63-34	3,5 bis 29	0,5	52	63	245
3,5-4,5/35-105 mm	X		63-23	3,5 bis 29	1,2	58	82	400
4/70-210 mm	X		34-11	4 bis 32	1,5	58	138	650
5,6/100-300 mm L	X		24-8	5,6 bis 32	2	58	169	720
5,6/100-300 mm	X		24-8	5,6 bis 32	2	58	169	720

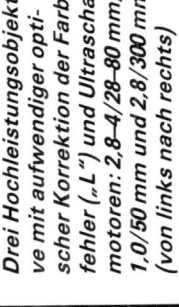

Drei Hochleistungsobjektive mit aufwendiger optischer Korrektion der Farbfehler („L") und Ultraschallmotoren: 2,8–4/28–80 mm, 1,0/50 mm und 2,8/300 mm (von links nach rechts)

Oben Luftaufnahme mit 210 mm Brennweite und reduzierter Bildaussage, unten Abendstimmung mit 28 mm Brennweite und relativ langer Verschlußzeit (¹⁄₁₅ s aus der Hand)

Der Weichzeichnereffekt des „Softfocus" 2,8/135 mm läßt sich
steuern. Oben „scharfe" Aufnahme ohne Weichzeichnung,
darunter „unscharfe" mit Weichzeichnereffekt

Objektive mit fester Brennweite haben zusätzlich eine Schärfentie-feskala, auf der Sie den Schärfentiefebereich ablesen können (der jeweils von den Blendenzahlen auf der Entfernungsskala abge-grenzt wird). Bei Zoomobjektiven muß diese Schärfentiefeskala wegfallen, dafür ist hier der Infrarotindex (der bei Festbrennweiten nur als kleiner roter Punkt angegeben wird) besonders auffällig und für mehrere Brennweiten markiert. Nur bei Infrarotfilmen (und sonst nie) müssen Sie die Entfernungseinstellung (gleich ob auto-matisch oder manuell ermittelt) vom normalen weißen Entfer-nungsindex auf den Infrarotindex manuell korrigieren. Warum das sein muß, erfahren Sie unter Teil II „Die unterschiedlichen Filmar-ten".

Stets wichtig ist dagegen die Gegenlichtblende, die seitlich einfal-lendes Streulicht abhält, das sonst (und längst nicht nur bei Gegen-lichtaufnahmen) die Abbildungsleistung des Objektivs verschlech-tern und den Kontrast herabsetzen würde. Sie muß unbedingt in ihrer Form und Größe auf das Objektiv abgestimmt sein. Sie sollten deshalb die von Canon speziell für jedes Objektiv angebotenen Original-Gegenlichtblenden (die nicht eingeschraubt, sondern auf-gesteckt werden) kaufen. Eine ausziehbare Gegenlichtblende hat das EF 1:2,8/300 mm L, beim EF 1:2,8/15 mm Fisheye ist sie fest eingebaut und bei den EOS-Objektiven EF 1:1,0/50 mm L, EF 1:2,8/135 mm Softfocus, EF 2,8–4/28–80 mm L und EF 1:5,6/100–300 mm L im serienmäßigen Lieferumfang.

Die EOS-Objektive richtig einsetzen

Das EOS-Objektiv-Programm umfaßt derzeit 13 Objektive (laut Werksangabe ab August 1987 vollständig lieferbar), dazu einen Te-lekonverter für das EF 2,8/300 mm L. Damit reicht der Brennweiten-bereich der EOS-Objektive von der Panoramawirkung des 15-mm-Fisheye bis hin zur Fernrohrcharakteristik des 300-mm-Tele. Lücken sind aber zweifelsohne vorhanden – und die will Canon schnellst-möglich schließen. Zunächst (wenn auch noch nicht offiziell ange-kündigt) mit drei weiteren Zoomobjektiven (EF 3,5–4,5/28–105 mm, EF 3,5–4,5/35–135 mm und EF 3,5–4,5/50–200 mm) sowie einem drin-gend zur vorläufigen Abrundung des Objektivprogrammes notwen-digen Makroobjektiv (EF 2,5/50 mm).

Die EOS-Standardobjektive

Auch mit den beiden Standardobjektiven der EOS können Sie das Motiv in der gewünschten Größe, können Sie enge oder weite Räume einfach dadurch erfassen, daß Sie Ihren Aufnahmestandpunkt vor- oder zurückverlegen. In der Praxis wird es freilich nicht immer möglich sein, ausreichend auf Distanz zu gehen (in engen Räumen zum Beispiel) oder sich ausreichend zu nähern (bei scheuen Tieren zum Beispiel). Dann bleibt nur der Wechsel zu kürzeren oder längeren Brennweiten.

Davon abgesehen – und keine weiteren gestalterischen Ambitionen unterstellt – sprechen aber gerade für das EOS-Standardobjektiv EF 1,8/50 mm einige wichtige Punkte. Es ist lichtstark, klein, leicht und kostet wenig. Es gibt die Motive im gewohnten Bildwinkel wieder und unterstreicht damit die Natürlichkeit der Aufnahmen. Letzteres gilt auch für das 1,0/50 mm L – überhaupt das lichtstärkste Objektiv, das augenblicklich zu einer Spiegelreflexkamera angeboten wird (und das Canon auch nur deshalb für die EOS konstruieren konnte, weil das neue EF-Bajonett einen extrem großen Durchmesser hat). Es hat auch bereits den extrem schnellen Ultraschallmotor zur motorischen Entfernungseinstellung und lediglich einen Nachteil – es ist astronomisch teuer. Dennoch: Es bietet wie kein zweites Spiegelreflex-Wechselobjektiv die Möglichkeit, bei sehr wenig Licht, im Theater, bei Konzerten und in der Nacht noch dann aus der Hand zu fotografieren, wenn die EOS mit anderen Objektiven längst auf das Stativ müßte. Es ist fast viermal (!) so lichtstark wie das 1,8/50 mm – und das ist immerhin das zweitlichtstärkste Objektiv im noch jungen EOS-Wechselobjektiv-Angebot. Durch seine bei voller Blendenöffnung extrem geringe Schärfentiefe bietet das 1,0/50 mm zudem erweiterte Möglichkeiten, mit extrem geringer selektiver Schärfe zu gestalten.

Die EOS-Weitwinkelobjektive

Weitwinkelobjektive haben einen größeren Bildwinkel, erfassen damit einen größeren Motivbereich und sind zunächst unersetzlich, um unter beengten Raumverhältnissen möglichst viel „aufs Bild zu bekommen". Das ist freilich bei weitem nicht ihr einziger Vorteil: Da ist zunächst die im Vergleich zu Standardbrennweiten größere Schärfentiefe. Je kürzer die Brennweite und je kleiner die Blendenöffnung, desto größer der Schärfentiefebereich.

Bereits beim 28-mm-Weitwinkel zur EOS reicht der Schärfentiefebereich (bei Blende 8) von zwei Meter bis Unendlich – Entfernungseinstellung wird dadurch praktisch überflüssig. Fotoreportern kommt diese Eigenschaft von Weitwinkelobjektiven entgegen, sie sind so schneller in der Lage, unvorhergesehene Ereignisse im Bild festzuhalten. Durch den Autofokus der EOS verliert dieses Argument freilich an Bedeutung – immerhin bietet sich diese Schnappschußtechnik aber auch mit der EOS an, wenn die Zeit nicht

Schneelandschaft mit starkem Verlauffilter (Cokin Tabak 125)

ausreicht, um einen Entfernungswert für ein nicht in der Bildmitte gelegenes Hauptmotiv zu speichern. Generell kommt die große Schärfentiefe, die sämtliche (oder zumindest fast alle) Motivpartien scharf abbildet, natürlich Sach- und Architekturaufnahmen zugute. Zum bewußten Gestalten mit der Schärfentiefe bleibt dann dagegen kaum noch Spielraum.

Wichtig ist aber vor allem die für Weitwinkelobjektive (durch den kurzen Aufnahmestandpunkt) charakteristische Perspektive. Weitwinkelobjektive verändern scheinbar die Größenverhältnisse: Der Vordergrund wird betont, weiter Entferntes extrem verkleinert. Fluchtlinien laufen ungewohnt dramatisch zusammen und steigern

Spiegelung mit schwachem Verlauffilter (Cokin Tabak 124)

so die Perspektive. Typisch sind deshalb auch die gefürchteten „stürzenden" Linien – Linien, die – je weiter am Bildrand, desto stärker – umkippen, die Perspektive scheinbar außer Kontrolle geraten lassen. Stürzende Linien entstehen allerdings nur dann, wenn Sie die EOS nicht gerade halten, wenn Sie sie nicht parallel zum Motiv ausrichten.

Mit dem 2,8/28 mm – der einzigen Weitwinkel-Festbrennweite, die derzeit für die EOS angeboten wird – halten sich die „stürzenden" Linien freilich in Grenzen. 28 mm gelten als „gemäßigte" Weitwinkelbrennweite. Nicht extrem in der Bildwirkung, dafür aber auch nicht kritisch in der Bildkomposition. Ein universelles Weitwinkelobjektiv, das Sie allerdings (wie alle Objektive kurzer Brennweite) nicht für Porträtaufnahmen benutzen sollten.

Unter den Weitwinkelobjektiven nehmen Fisheye-Objektive eine Sonderstellung ein. Sie haben einen extrem weiten Bildwinkel und bilden das Motiv nicht in der gewohnten Sehweise der Zentralperspektive ab, sondern sphärisch, also kugelförmig (die Bezeichnung „Fischauge" rührt davon her, weil man Fischen eine ähnliche Sehweise unterstellt). Prinzipiell unterscheidet man Fisheye-Objektive, die innerhalb des Aufnahmeformates ein kreisförmiges Bild aufzeichnen, und Fisheye-Objektive, die das Aufnahmeformat wie gewohnt rechteckig und formatfüllend belichten. Das EOS-Fisheye EF 1:2,8/15 mm hat einen Bildwinkel von 180 Grad und zeichnet das gesamte Aufnahmeformat aus. Es hat kein Filtergewinde, dafür aber einen eingebauten Filterhalter.

Die EOS-Teleobjektive

Teleobjektive erfassen mit ihrem engen Bildwinkel nur einen engen Motivausschnitt und bilden auch noch weiter Entferntes formatfüllend ab. Grundsätzlich werden Sie Teleobjektive deshalb einsetzen, weil Sie an ein Motiv nicht nahe genug herankönnen oder -wollen – bei Porträts schaffen gemäßigte Telebrennweiten (85–135 mm) so eine natürliche Aufnahmedistanz. Bei Schnappschüssen, Tier- oder Sportfotos helfen längere Telebrennweiten (100–600 mm), unzugängliche Aufnahmedistanzen zu überbrücken.

Die typischen Tele-Eigenschaften bieten zudem wichtige Gestaltungsmöglichkeiten. Die Schärfentiefe nimmt ab – je länger die Brennweite, desto stärker damit der Einfluß, den Sie auf die selektive Schärfenverteilung nehmen können. Durch die so mögliche Konzentration auf das Wesentliche können Sie den Bildbetrachter förmlich auf die Bildaussage stoßen. Vergessen Sie dabei auch nicht, daß Ihnen die EOS mit ihrer elektronischen Abblendtaste die Möglichkeit gibt, in sämtlichen Belichtungsbetriebsarten die effektive Schärfentiefe im Sucher zu kontrollieren.

Durch die größere Aufnahmeentfernung verändern Sie aber auch den Raumeindruck: Größenunterschiede schrumpfen scheinbar zusammen, die Motivteile rücken zusammen, der Raum wird verdichtet. Mit Teleobjektiven erzielen Sie – indem Sie sich auf wenige Bildelemente beschränken – eine reduzierte, klare Aussage. Übrigens nicht nur im Fern-, sondern auch im Nahbereich, wenn Sie mit dem Teleobjektiv Details von Strukturen, Tieren, Pflanzen oder Menschen erfassen.

Zur Zeit bietet Canon mit dem EF 1:2,8/300 mm L und dem Softfocus EF 1:2,8/135 mm zwei feste Telebrennweiten an. Das 2,8/300 mm L ist ein (für diese Brennweite) hochlichtstarkes Teleobjektiv, das sich zudem über einen Telekonverter (den aber ausschließlich für dieses Objektiv geeigneten Extender 2X) in ein 600-mm-Teleobjektiv mit Lichtstärke 5,6 verwandeln läßt. Auch das 2,8/300 mm hat bereits den extrem schnellen und leisen Ultraschallmotor als Autofokus-Antrieb. Im Autofokus-Betrieb läßt sich der Einstellbereich vorwählen, beim manuellen Fokussieren läßt sich sogar der Einstellwiderstand regulieren.

Das Softfocus EF 1:2,8/135 mm ist ein Weichzeichnerobjektiv und damit mehr ein Fall für Spezialisten. Der Weichzeichnereffekt ist übrigens nicht einfach mit Unschärfe gleichzusetzen – was eine Verlagerung der Schärfe in eine andere Ebene bedeuten würde und dann ja auch da zu sehen wäre. Die Wirkung des Weichzeichnereffektes entsteht vielmehr dadurch, daß ein scharfes Kernbild von „unscharfen" Strahlen überlagert wird. Er läßt sich beim Softfocus EF in drei Stufen steuern.

Die EOS-Zoomobjektive

Bei Zoomobjektiven läßt sich die Brennweite stufenlos innerhalb des von den beiden Endbrennweiten bestimmten Zoombereichs verändern. So bequem und praktisch die Möglichkeit auch ist, mit Zoomobjektiven den Bildausschnitt stufenlos zu wechseln – sowe-

Programmautomatik, Mehr-
feldmessung und Autofokus –
Aufnahme ohne manuelle
Belichtungs- und Schärfe-
korrektur

nig dürfen Sie jemals vergessen, daß die die Bildwirkung prägende Perspektive letztlich vom Aufnahmestandpunkt abhängt. Mit der kürzesten Zoomeinstellung aus der Nähe fotografiert, wird ein Motivausschnitt eine völlig andere Perspektive und Bildwirkung haben, als wenn Sie ihn mit der längsten Zoomeinstellung aus größerer Entfernung fotografieren. Wechseln Sie also auch mit Zoomobjektiven öfter Standpunkt und Brennweite – nur so können Sie ihre Gestaltungsmöglichkeiten voll nutzen.

Das EF 1:3,5–4,5/35–70 mm ist ein sogenanntes Standardzoom. Es reicht vom gemäßigten Weitwinkel- bis in den leichten Telebereich, ersetzt somit auch das Standardobjektiv und empfiehlt sich aufgrund seiner kompakten Abmessungen durchaus als Alternative, wenn Sie auf höhere Lichtstärke keinen Wert legen. Ähnliches gilt für (das ebenfalls noch sehr kompakte) EF 1:3,5–4,5/28–70 mm sowie das EF 1:3,5–4,5/35–105 mm. Beide Zoomobjektive decken den häufig benötigten Bereich um die Normalbrennweite ab, ersteres mit zusätzlichem Schwerpunkt im Weitwinkel-, letzteres mehr im (Porträt-)Telebereich. Das EF 1:2,8/28–80 mm L ist nicht nur für den Brennweitenbereich außergewöhnlich lichtstark, sondern auch optisch aufwendig gegen Abbildungsfehler korrigiert und zudem bereits mit einem schnellen Autofokus-Ultraschallmotor ausgestattet.

Die weiteren Zoomobjektive decken ausschließlich den Telebereich ab. Das EF 1:4/70–210 mm ist dabei das universellste Telezoom (weil im wichtigsten Telezoombereich angesiedelt, weil vergleichsweise lichtstark und kompakt), und die beiden EF 1:5,6/100–300 mm unterscheiden sich lediglich im Korrektionsaufwand gegen Farbfehler – das mit einem „L" gekennzeichnete Zoom gleicht durch Sondergläser die sogenannte „chromatische Aberration" aus, einen Farbfehler, der durch Fokussierdifferenzen des Lichtspektrums entsteht (weil Farben unterschiedlicher Wellenlänge unterschiedlich stark gebrochen werden).

154

3. Filter

Fast alle EOS-Objektive haben ein Frontgewinde, in das Sie Filter einschrauben können. Die Durchmesser hat Canon auf insgesamt drei unterschiedliche Gewindegrößen vereinheitlicht (überwiegend 52-mm- oder 58-mm- und in zwei Ausnahmefällen 72-mm-Einschraubgewinde), so daß Sie nicht für jedes Objektiv separate Filter kaufen müssen. Das EF 1:2,8/300 mm L hat aufgrund seines großen Frontlinsendurchmessers statt eines Frontgewindes eine Steckfassung für 48-mm-Steckfilter. Auch das EF-1:2,8/15-mm-Fisheye hat einen einsteckbaren Filterhalter.

Filter und Meßtechnik

Filter schlucken Licht, zu jedem Filter gehört also generell ein sogenannter Verlängerungsfaktor (um den die Belichtung verlängert werden muß), den die EOS mit ihrer Lichtmessung durch das Ob-

Die Effektfilterwirkung variiert mit der Blende (Kontrolle über die Abblendtaste) – je kleiner die Blendenöffnung, desto stärker der Effekt. Aufnahme mit Cokin-Ringfilter und zu kleiner Blendenöffnung

jektiv aber automatisch berücksichtigt. Grundsätzlich werfen Filter deshalb auch keine aufnahmetechnischen Probleme auf – Sie müssen nur beachten, daß die EOS auf Zirkular-Polfilter angewiesen ist (Linear-Polfilter verfälschen die Schärfenmessung) und daß extreme Rotfilter den Autofokus wie die Belichtungsmessung verfälschen können (am besten geben Sie dann den Verlängerungsfaktor über die Belichtungskorrekturtaste ein, speichern Entfernungs- wie Belichtungswert und schrauben das Filter erst anschließend auf). Vergessen Sie auch nicht, daß sich bei vielen EOS-Objektiven das Frontgewinde (und damit auch das Filter) beim Fokussieren mitdreht. Ist der Filtereffekt (wie beim Pol- und vielen Effektfiltern) von der Drehrichtung abhängig, so müssen Sie zumindest die Filterstellung korrigieren – eventuell sogar erst fokussieren und dann das Filter (vorsichtig) einschrauben. Wie sich die Filterwirkung (wiederum vor allem bei Effektfiltern wie dem Sternfilter) mit der Blendeneinstellung ändert, können sie gut im Sucher der EOS beurteilen, wenn Sie die Abblendtaste drücken.

Filter für Farbaufnahmen

UV- und Skylightfilter

Filter verändern die Farbwerte (verstärkt wird immer die eigene Farbe) und bieten sich deshalb für Korrekturen der Farbwiedergabe an. Wichtig vor allem bei Diafilmen, bei Farbnegativfilmen dagegen weniger (hier bietet sich beim Vergrößern die Möglichkeit der Korrektur). UV-Filter absorbieren die UV-Strahlung und korrigieren damit den Blaustich, den das (für das Auge unsichtbare) ultraviolette Licht auf dem Film verursachen würde – wichtig im Gebirge, an der See und generell bei hohem Sonnenstand. Das UV-Filter kann durchaus als Frontlinsenschutz immer am Objektiv bleiben (wenngleich natürlich zumindest theoretisch jedes Filter die Abbildungsleistung .des Objektivs beeinträchtigt). Skylightfilter absorbieren ebenfalls UV-Strahlung, sorgen aber zudem für eine etwas wärmere Farbwiedergabe. Als Frontlinsenschutz sind sie deshalb nicht mehr zu empfehlen.

Konversionsfilter

Konversionsfilter stimmen die Sensibilisierung des Farbfilms auf die Farbtemperatur des Lichtes ab: Wollen Sie zum Beispiel einen Tageslichtfarbfilm bei Kunstlicht einsetzen, so müssen Sie den höheren Rotlichtanteil des Kunstlichts mit einem blauen Konversionsfilter (B 12) korrigieren. Umgekehrt eliminiert ein rotes Konversionsfilter (R 12) den höheren Blauanteil des Sonnenlichtes, wenn Sie mit Kunstlichtfilmen bei Tageslicht fotografieren.

Filter für Farbe und Schwarzweiß

Polarisationsfilter (Zirkular-Polfilter!)

Polarisationsfilter unterdrücken Reflexe auf Wasser, Glas und anderen nichtmetallischen Oberflächen. Mit dem Polfilter können Sie so zum Beispiel störende Reflexe ausschalten, wenn Sie (im schrägen Winkel, optimale Wirkung bei 35 Grad) durch Glasflächen fotografieren wollen. Die Filterwirkung müssen Sie im Sucher kontrollieren. Polfilter steigern so bei Farbaufnahmen generell die Farbsättigung und den Farbkontrast.

Graufilter

Graufilter unterdrücken (absorbieren) alle Farben gleichmäßig, beeinflussen die Farbwiedergabe nicht und werden deshalb eingesetzt – wenn zuviel Licht da ist. Entweder die Lichtverhältnisse lassen überhaupt keine korrekte Zeit-Blenden-Kombination zu, oder gestalterische Gründe erfordern eine offene Blende oder eine lange Verschlußzeit, die sonst nicht möglich wären.

Filtereffekt mit zwei (in einem Filterhalter) zusammengesetzten Gelatinefiltern: Grün verstärkt den Rasen in der unteren Bildhälfte, Orange verfremdet den Himmel in der oberen Bildhälfte

Weichzeichner

Weichzeichner sind strenggenommen keine Filter, denn sie absorbieren das Licht nicht, sondern sie streuen es lediglich und überstrahlen so das scharfe Kernbild. Weichzeichner-Aufnahmen fehlt die „scharfe Härte", und deshalb werden Weichzeichner fast ausschließlich in der Porträtfotografie eingesetzt. Einen vergleichbaren Effekt erzielen Sie aber auch, wenn Sie einen Nylonstrumpf vor das Objektiv spannen. Wenn Sie nur den Hintergrund „weichzeichnen" wollen, können Sie auch eine Glasscheibe mit Creme einstreichen und nur in der Mitte ein kleines Loch freilassen. Sie sollten den stark blendenabhängigen Weichzeichnereffekt immer im Sucher mit Hilfe der Abblendtaste kontrollieren.

Effektfilter

Daneben gibt es unzählige Effektfilter und Tricklinsen: Sternfilter verwandeln helle Reflexe in sternförmige Strahlengebilde, Verlauffilter (die es in vielen Farben gibt) sind abgestufte Farbfilter, bei denen ein Farbton von oben nach unten heller zuläuft – Verlauffilter können zum Beispiel an einem trüben Regentag für blauen Himmel sorgen.

Filter für Schwarzweiß-Aufnahmen

Neben dem auch für Schwarzweiß-Aufnahmen wichtigen UV-Filter (das dann bei ultravioletter Strahlung und bei Dunst für klarere Konturen sorgt) werden in der Schwarzweiß-Fotografie vor allem Farbfilter zur Manipulation der Grauwertumsetzung benutzt. Farbfilter verstärken immer die Eigenfarbe und absorbieren die Komplementärfarbe.
Gelbfilter absorbieren blaues Licht, geben den Himmel dunkler wieder, Wolken kommen besser zum Vorschein. Orangefilter absorbieren zusätzlich grünes Licht – grüne Flächen werden dunkler wiedergegeben, der Himmel erscheint fast schwarz und sorgt so für dramatische Landschaftsaufnahmen (Gewitterstimmung). Rotfilter geben schließlich Blau, Grün und Violett sehr dunkel wieder, Rot und Orange dagegen sehr hell: Landschaftsaufnahmen – obwohl am Tage aufgenommen – wirken wie Nachtaufnahmen.

4. Nahaufnahmen

Nahaufnahmen sind zunächst Aufnahmen aus der Nähe, die nur einen engen Motivausschnitt erfassen. Die Größe dieses Ausschnittes hängt von der Aufnahmeentfernung ab (je kürzer, desto größer der Abbildungsmaßstab) – sie wird aber auch von der Brennweite bestimmt (je länger, desto größer wiederum der Abbildungsmaßstab). Allein der Abbildungsmaßstab (das Verhältnis zwischen natürlicher und auf dem Film wiedergegebener Motivgröße) erlaubt somit eine zuverlässige Aussage über den erfaßten Motivbereich – stets unabhängig von Brennweite wie Aufnahmeentfernung.

Allein der Abbildungsmaßstab zählt

Der Abbildungsmaßstab von 1:1 drückt zum Beispiel aus, daß das Motiv auf dem Film in natürlicher Größe wiedergegeben wird. Beim Abbildungsmaßstab von 2:1 wird es in doppelter, beim Abbildungsmaßstab von 1:2 dagegen in halber natürlicher Größe abgebildet. Über die Brennweite wie die Aufnahmeentfernung ist damit freilich noch nichts gesagt – Sie können einen Abbildungsmaßstab von 1:10 ebensogut mit einem Teleobjektiv aus mehreren Metern wie mit einem Weitwinkelobjektiv aus kurzer Distanz erreichen.

Keine klare Definition für Makroaufnahmen

Nahaufnahmen – so die übliche Definition – haben einen Abbildungsmaßstab zwischen 1:10 (zehnfache Verkleinerung auf dem Film) und 10:1 (zehnfache Vergrößerung). Mit noch größeren Abbildungsmaßstäben beginnt – auch das ist weitgehend verbindlich festgelegt – die Mikrofotografie. Begriffsverwirrung dagegen beim Makrobereich: Oftmals wird er zwischen der Wiedergabe in natürlicher Größe (1:1) und zehnfacher Vergrößerung (10:1) angesetzt, dann aber auch wieder mit dem Nahbereich gleichgesetzt. Letzteres erscheint für die EOS deshalb sinnvoller, weil auch Canon für die Naheinstellmöglichkeit der Zoomobjektive (die maximal bis zum Abbildungsmaßstab 1:4 reicht) den Begriff „Makro" benutzt und weil auch so bezeichnete Makroobjektive ohne weiteres Zubehör allenfalls bis zum Abbildungsmaßstab 1:1 reichen.

Sie können den Abbildungsmaßstab übrigens problemlos selbst ermitteln, wenn Sie mit dem Autofokus-Meßfeld ein Lineal anvisieren: Das Meßfeld hat eine Länge von 2,5 Millimetern, die Sie nur mit der erfaßten Lineallänge ins Verhältnis setzen müssen (erfassen Sie zum Beispiel mit dem Meßfeld eine 7,5 mm lange Strecke, so beträgt der Abbildungsmaßstab 1:3).

Die Naheinstellgrenze

Daß die EOS-Objektive nicht ohne weiteres die im Nah- oder Makrobereich erforderlichen Abbildungsmaßstäbe liefern können, hat einen einfachen Grund: Je kürzer der Aufnahmeabstand, desto weiter muß das Objektiv von der Filmebene weg nach vorne geschoben werden – desto größer muß der Auszug sein. Jedes Objektiv hat deshalb eine Naheinstellgrenze, d e diesen Auszug begrenzt und angibt, auf welche Entfernung gerade noch scharfgestellt werden kann. Beim Standardobjektiv 1,8/50 mm liegt diese Einstellgrenze zum Beispiel bei 45 Zentimeter (und dem damit erreichbaren Abbildungsmaßstab von 1:6,7).

Nahaufnahmen mit den EOS-Objektiven

Zoomobjektive mit Makroeinstellung

Alle EOS-Zoomobjektive haben eine Makroeinstellung, die maximal (wie beim EF 4/70–210 mm) einen Abbildungsmaßstab bis 1:4 ermöglicht. Da der Einstellbereich kontinuierlich in den Makrobereich übergeht, stellt der Autofokus auch die Schärfe im Nahbereich noch automatisch ein. Bei den Tele-Zoomobjektiven (70–210 mm und 100–300 mm) kann der Autofokus (über eine dritte Position des Autofokus-Schalters) wahlweise auch auf den normalen Einstellbereich begrenzt werden – um so bei Aufnahmen im Fernbereich (dann von vornherein überflüssige) Autofokus-Suchfahrten in den Nahbereich auszuschließen.
Nur Makroobjektive lassen ohne weitere Vorkehrungen größere Abbildungsmaßstäbe zu: Sie haben eine aufwendigere Fassung, die einen weiteren Auszug erlaubt, und Sie sind optisch für den Nahbereich korrigiert – während Objektive sonst ihre beste Abbildungslei-

EOS-Objektive im Nahbereich

Objektiv	Größter Abbildungsmaßstab für		Motivfeldgröße in mm für	
	Nahgrenze	Makro-Einstellung	Nahgrenze	Makro-Einstellung
1,8/50 mm	1 zu 7	entfällt	160 x 240	entfällt
2,8/28 mm	1 zu 8	entfällt	186 x 279	entfällt
35–70 mm	1 zu 7	1 zu 5	156 x 235	118 x 176
35–105 mm	1 zu 10	1 zu 6	223 x 336	144 x 216
70–210 mm	1 zu 6	1 zu 4	130 x 196	95 x 143

stung im Fernbereich zeigen. Noch fehlt im EOS-Objektivprogramm zwar ein Makroobjektiv – auf absehbare Zeit wird Canon jedoch diese Lücke mit dem EF-1:2,5/50-mm-Makro schließen. Da Makroobjektive erfahrungsgemäß nicht nur im Nah-, sondern über den gesamten Einstellbereich eine hervorragende Abbildungsleistung zeigen, dürfte sich das neue Makroobjektiv auch als interessante Alternative zum Standardobjektiv anbieten – zumal es für diesen Objektivtyp auch erstaunlich lichtstark ist.

Es gibt aber auch Möglichkeiten, konventionellen Objektiven zu größeren Abbildungsmaßstäben zu verhelfen. Zwischenringe oder Balgengeräte verlängern den Auszug zwischen Kamera (Filmebene) und Objektiv mechanisch und erweitern so den Naheinstellbereich – leider fehlt jedoch auch diese Möglichkeit vorläufig im EOS-System. Aber auch das dürfte sich bald ändern, denn das Elektronik-Bajonett bietet (weil ohne jegliche mechanische Übertragungselemente) ideale Voraussetzungen für zwischengeschaltete Auszugsveränderungen – schließlich müssen nur die Elektrokontakte für die Objektivsteuerung überbrückt werden. Selbst Balgengeräte mit stufenlosem motorischem Auszug sind so konkret vorstellbar.

Nahaufnahmen mit Vorsatzlinsen

So bleiben vorläufig allein Vorsatzlinsen, um mit den EOS-Objektiven zu größeren Abbildungsmaßstäben zu kommen. Vorsatz- oder Nahlinsen werden einfach in das Filtergewinde geschraubt und erhöhen durch ihre eigene Brechkraft die des Objektivs – verkürzen also letztlich die Brennweite und damit die Einstellentfernung. Mit den von Canon angebotenen Achromaten – die aus zwei Linsenelementen bestehen – ist auch die Abbildungsqualität (im Gegensatz zu einfachen Nahlinsen) kein Kritikpunkt mehr, solange Sie mindestens auf Blende 5,6 abblenden.

Die Brechkraft der Achromaten wird entweder in Dioptrien oder (wie bei den Canon-Achromaten) der Brennweite angegeben. Auch Achromaten sind je nach eigener Brennweite auf bestimmte Objektivbrennweiten abgestimmt. Um die längste optisch vertretbare Objektivbrennweite für die Canon-Achromaten zu ermitteln, müssen Sie – dies nur als Faustregel – die Achromaten-Brennweite lediglich durch vier dividieren. Für den Achromat 450 (450 mm Brennweite) wären das gut 110 mm Objektivbrennweite – zur Not aber auch noch ein Objektiv mit 135 mm Brennweite. Der speziell für das FD-Zoom 80–200 mm konstruierte Achromat 500 T liefert übrigens auch mit dem EOS-Zoom 70–210 mm hervorragende Bildergebnisse.

Aufnahmetechnisch müssen sie im Nahbereich folgendes beachten: Da die Schärfentiefe mit zunehmendem Abbildungsmaßstab abnimmt, müssen Sie sehr präzise scharfstellen – was allerdings den Autofokus der EOS vor keine zusätzlichen Probleme stellt. Erschwerend kommt hinzu, daß sich die Lichtstärke eines Objektivs strenggenommen nur auf die Unendlich-Einstellung bezieht. Mit größerem Abbildungsmaßstab nimmt sie generell ab. Praktisch spürbar wird das allerdings erst im Nah- und Makrobereich – bei einem Abbildungsmaßstab von 1:1 sinkt die Lichtstärke beispielsweise schon auf ein Viertel ihres ursprünglichen Wertes. Den notwendigen Korrekturfaktor berücksichtigt die EOS (auch bei Blitzlicht) mit ihrer Innenmessung automatisch.

Aufgrund der im Nahbereich abnehmenden Lichtstärke und der Notwendigkeit, die geringe Schärfentiefe durch starkes Abblenden zu kompensieren, müssen Sie mit längeren Verschlußzeiten rechnen.

Um keine Verwacklungsunschärfe zu riskieren – und auch um die EOS präziser ausrichten zu können –, sollten Sie Nahaufnahmen vom Stativ machen. Die Selbstauslöser-Funktion sorgt dann für eine garantiert erschütterungsfreie Auslösung. Wenn Sie mit den Aufsteckblitzgeräten 300 EZ oder 420 EZ im Nahbereich ausleuchten wollen, dürfen Sie nicht übersehen, daß der Ausleuchtwinkel nur für Aufnahmeabstände bis zu einem guten halben Meter ausreicht.

VIII. Teil

Aufnahmepraxis

In diesem Teil erfahren Sie, wie Sie wichtige Aufnahmetechniken mit der EOS beherrschen lernen – zum Teil Techniken, die zwar schon angeschnitten wurden, die hier aber (jeweils mit konkreten Einstell-Empfehlungen für die EOS) noch einmal abschließend zusammengefaßt sind.

Available-Light-Aufnahmen

Wörtlich übersetzt sind Available-Light-Fotos Aufnahmen mit dem vorhandenen Licht – mit dem gerade noch vorhandenen Licht, das eigentlich schon den Einsatz eines Blitzgerätes erfordern würde. Bei der Available-Light-Fotografie verzichten Sie aber bewußt auf künstliche Beleuchtung, weil Sie unbedingt die natürliche Lichtstimmung einfangen wollen. Available-Light-Fotos wirken spontan und lebendig – die Aufnahmetechnik wird vor allem für Reportagen eingesetzt, also keineswegs vom Stativ.
Um die Verwacklungsgefahr zu verringern und Bewegungsunschärfe vorzubeugen, sind Sie auf hochempfindliche Filme und lichtstarke Objektive angewiesen. Sie sollten auf die Selektivmessung der EOS zurückgreifen und die bildwichtigste Motivpartie gezielt anmessen. Da Sie mit der größten Blendenöffnung und damit geringer Schärfentiefe fotografieren, profitieren Sie von der Einstellgenauigkeit des Autofokus.
EOS-Einstell-Empfehlung: Zeitautomatik („Av") mit Vorwahl der größten Blendenöffnung, Einzelbildschaltung („S"), „ONE SHOT" und Selektivmessung.

Bewegung einfrieren

Mit der EOS können Sie auch schnelle Bewegung einfrieren – die kurzen Verschlußzeiten fangen Bewegungsabläufe scharf und in allen Einzelheiten ein. So können Sie beispielsweise bei Sport- oder

Tieraufnahmen Höhepunkte im Bild festhalten. Bei schneller Bewegung frontal auf die Kamera sollten Sie den Autofokus abschalten, auf eine bestimmte Entfernung manuell vorfokussieren und das Motiv in diese Schärfenzone „hineinlaufen" lassen.
EOS-Einstell-Empfehlung: Blendenautomatik („Tv") mit Vorwahl kurzer Verschlußzeiten (1/500 bis 1/2000 s), Dauerlauf („C") und entweder „SERVO" oder manuelle Vorfokussierung.

Bewegungs-Wischeffekt

Auch mit langen Verschlußzeiten können Sie Bewegung fotografieren – indem Sie zwar das Umfeld scharf abbilden, die eigentliche Motivbewegung dagegen nur als unscharfen Wischer. Für diese Aufnahmetechnik kommen nur Verschlußzeiten länger als 1/30 s in Frage – die EOS müssen Sie deshalb auf einem Stativ befestigen. Reizvoll vor allem mit Farbfilmen (weil Bewegung dann in Form verwischter Farbflächen und Striche aufgezeichnet wird), aber auch für Bewegungsabläufe in der Nacht.
EOS-Einstell-Empfehlung: Blendenautomatik („Tv") mit Vorwahl langer Verschlußzeiten (1/4 bis 1/30 s), Einzelbildschaltung („S") und manuelle Vorfokussierung.

Blitzen bei Tageslicht

Blitzlicht ist längst nicht nur bei Dunkelheit als ausschließliche, sondern auch bei Tageslicht als zusätzliche Lichtquelle sehr nützlich. Sie können mit Blitzlicht Schatten aufhellen – was zumeist auch noch zu einer ausgeglicheneren Farbwiedergabe beiträgt –, Sie können mit der Aufhellblitztechnik aber vor allem starke Helligkeitsunterschiede zwischen hellen und dunklen Motivpartien ausgleichen und dadurch den Motivkontrast so verringern, daß ihn der Film wiedergeben kann.
Der Aufhellblitz ist damit generell prädestiniert für Gegenlichtaufnahmen, beispielsweise Porträts im Gegenlicht. Theoretisch ist diese Aufnahmetechnik nicht unproblematisch, weil Sie die direkte Blitzbelichtung etwas zurückhalten müssen, um den Gegenlichtcharakter der Aufnahme nicht zu zerstören – praktisch erledigt das jedoch die A-TTL-Blitztechnik der EOS mit den Systemblitzgeräten vollautomatisch für Sie.

EOS-Einstell-Empfehlung: Programmautomatik („P"), „ONE SHOT" und Einzelbildschaltung („S"), A-TTL-Position am Speedlite (A-TTL-Programmautomatik). In der Vollautomatik-Position des Hauptschalters sind die EOS und das Speedlite übrigens automatisch auf diese Betriebsarten vorprogrammiert.

Fließende Bewegung

Sie können Bewegung auch fließend darstellen, wenn Sie die EOS in Bewegungsrichtung mitziehen. Sie folgen dabei der Motivbewegung im Sucher und lösen dann aus, wenn sich das Motiv nahezu senkrecht an Ihnen vorbeibewegt. Es hebt sich so scharf vom Hintergrund ab, der sich durch die Mitziehbewegung der Kamera in unscharfe Streifen aufgelöst hat. Sie kommen mit Verschlußzeiten zwischen ¹⁄₃₀ und ¹⁄₁₂₅ s aus, so daß sich diese Aufnahmetechnik auch als Notlösung anbietet, wenn das Licht nicht ausreicht, um Bewegung mit kurzen Verschlußzeiten einzufrieren.

EOS-Einstell-Empfehlung: Blendenautomatik („Tv") mit Vorwahl mittlerer Verschlußzeiten, Serienschaltung („C") und „SERVO".

Geblitzte Langzeitbelichtungen

Blitz-Langzeitbelichtungen sind zunächst Nachtaufnahmen, also Langzeitbelichtungen vom Stativ. Die Dauerbelichtung stimmen Sie auf die Hintergrundbeleuchtung ab, der Vordergrund wird dagegen durch das Blitzlicht belichtet. Im A-TTL-Blitzbetrieb ist die EOS in den Belichtungsbetriebsarten „Tv" und „Av" für diese Aufnahmetechnik geradezu prädestiniert – sie steuert dann automatisch die zum Dauerlicht passenden Belichtungsdaten ein und dosiert auch die Blitzbelichtung des Vordergrundes automatisch. Die Zeitautomatik bietet dabei den Vorteil, daß Sie durch Vorwahl der Blende die Schärfentiefe direkt beeinflussen können – beispielsweise über eine kleine Blendenöffnung den Schärfentiefebereich erweitern können, um so den (vom Blitz ausgeleuchteten) Vordergrund gleichzeitig mit dem (von der Langzeitbelichtung eingefangenen) Hintergrund scharf wiederzugeben.

EOS-Einstell-Empfehlung: Zeitautomatik („Av") mit Vorwahl kleiner Blendenöffnungen, Einzelbildschaltung („S") und „ONE SHOT". A-TTL-Position am Speedlite (A-TTL-Zeitautomatik).

Zoom-Fahreffekt

Eine weitere Möglichkeit, Bewegung darzustellen, bieten Ihnen schließlich Zoomobjektive. Wenn Sie während der Belichtung den Zoombereich „durchfahren" – gleich ob von der längsten zur kürzesten Brennweite oder umgekehrt –, scheinen Linien und Flächen zum Bildrand hin zu strömen, und selbst statische Motive wirken so dynamisch. Für diesen Zoom-Fahreffekt müssen Sie die EOS auf einem Stativ befestigen und – wiederum analog zum Bewegungs-Wischeffekt – längere Verschlußzeiten vorwählen. Bei guten Lichtverhältnissen sind Sie deshalb auf niedrigempfindliche Filme angewiesen.

EOS-Einstell-Empfehlung: Blendenautomatik („Tv") mit Vorwahl langer Verschlußzeiten (¼ bis ⅟₃₀ s), Einzelbildschaltung („S") und „ONE SHOT".

IX. Teil

Die Technik der EOS

Die Technik der EOS – das ist natürlich auch Mechanik, denn in erster Linie ist die EOS ja eine Spiegelreflexkamera mit allen Vorzügen und Möglichkeiten dieses Konstruktionsprinzips. Die Technik der EOS ist aber auch Elektronik. Mikroelektronik, die über eine riesige Datenmenge das Innenleben der EOS digital steuert.

Ganz klar: Sie müssen über die Technik der EOS nicht Bescheid wissen. Sie müssen nicht detailliert wissen, was der Autofokus macht, wenn Sie ihn automatisch scharfstellen lassen. Sie müssen auch nicht wissen, welche „Überlegungen" die Mehrfeldmessung anstellt, wenn Sie sie automatisch belichten lassen. Sie müssen „Depth" nicht verstehen . . . sondern nur damit fotografieren. Wenn es Sie trotzdem interessiert, können Sie in diesem Teil nachlesen, was die EOS genau macht, um Ihnen stets die Voraussetzungen für technisch perfekte Fotos zu liefern.

Die traditionelle Mechanik wurde im EOS-System auf ein Minimum reduziert, alle Vorgänge werden soweit als möglich von modernster Elektronik digital gesteuert. Als „Kopf" der Elektronik sitzt ein Mikroprozessor (zumeist mit CPU für Central Processor Unit abgekürzt) im Kameragehäuse. Kombiniert mit den Mikroprozessoren im Objektiv, den Speedlite-Blitzgeräten und der Datenrückwand, ergibt sich ein vielschichtiges Multi-CPU-System. So übermittelt allein – um nur ein beliebiges Beispiel für den digitalen Informationsfluß herauszugreifen – der Mikroprozessor im Objektiv über 50 Informationseinheiten (Bits) an den Haupt-Mikroprozessor im Kameragehäuse. Die Informationen werden analysiert und sofort als korrekte Befehle an den Autofokus-Motor und die Blendensteuerung zurückgesandt. So kontrolliert die EOS Entfernung und Belichtung.

1. Die grundsätzliche Funktionsweise

Trotz aller Elektronik ist die EOS zunächst einmal eine Spiegelreflexkamera – und zwar eine einäugige Spiegelreflexkamera, zumeist abgekürzt „SLR" (für single lens reflex). Wenn man das Aufnahmeformat noch mit einbezieht, ist sie eine Kleinbild-Spiegelreflexkamera – so die nun wirklich vollständige Bezeichnung für ihren Kameratypus.

Das Spiegelreflexprinzip

Entscheidend für das Konstruktionsprinzip der einäugigen Spiegelreflexkamera ist, daß das Objektiv zugleich als Aufnahme- und Sucherobjektiv dient. Zwischen Objektiv und Filmebene sitzt ein schwenkbarer Spiegel, der um 45 Grad gegen die optische Achse des Objektivs geneigt ist und so die einfallenden Lichtstrahlen im

90-Grad-Winkel nach oben auf die Einstellscheibe lenkt. So ist das Bild in der Normalstellung des Spiegels stets auf der Einstellscheibe und damit beim Blick durch das Sucherokular zu sehen (die EOS hat einen sogenannten Pentaprismensucher, der die Lichtstrahlen hinter der Einstellscheibe so umlenkt, daß Sie ein seitenrichtiges und aufrechtes Bild auf der Einstellscheibe sehen können). Der Sucher der EOS zeigt übrigens den Motivausschnitt etwas kleiner – nämlich nur zu 94 Prozent des effektiven Bildformates.

Nur für die Belichtung schwenkt der Spiegel nach oben, um so für die Lichtstrahlen den Weg zur Filmebene freizumachen. Der (unmittelbar vor der Filmebene plazierte) Verschluß öffnet sich für die Belichtungsdauer – und unmittelbar nach der Belichtung klappt der Spiegel automatisch wieder in die Sucherstellung zurück (deshalb heißt er auch Rückschwingspiegel). Schon können Sie auf der Einstellscheibe der EOS wieder das Sucherbild sehen. Entscheidender Vorteil der Spiegelreflexkamera ist somit der Sucher, der stets für alle Brennweiten und Aufnahmeabstände das Bild genau so zeigt, wie es dem Bildformat (also der späteren Aufnahme) entspricht. Mit dem Sucher der EOS verfügen Sie somit über ein perfektes Kontroll- und Einstellzentrum.

Elektronik und Mechanik

Die EOS basiert also keineswegs ausschließlich auf der Elektronik. Der Rückschwingspiegel bewegt sich mechanisch, der Verschluß ist Mechanik (auch wenn er elektronisch gesteuert wird), ebenso die Blende. Daß auch diese (im Gegensatz zu der bei anderen Kleinbild-Spiegelreflexkameras dafür üblichen Mechanik) elektronisch gesteuert wird, war natürlich Voraussetzung für den neuen Elektronik-Bajonettanschluß der EOS – ein Bajonett also, das völlig ohne (empfindliche) mechanische Übertragungselemente auskommt, letztlich also nur mehr eine mechanische Funktion hat – nämlich, Kamera und Objektiv zusammenzuhalten. Das Elektronik-Bajonett hat lediglich (kameraseitig) acht Kontakte, über die sämtliche Informationen digital zwischen Kamera und Objektiv ausgetauscht werden – Voraussetzung für eine extrem präzise Datenübermittlung und Steuerung.

Alles digital unter Kontrolle

Im Interesse einer absolut zuverlässigen Datenübermittlung zwischen den einzelnen Systemkomponenten findet also der Informationsfluß ausschließlich digital statt – es gibt keine mechanischen Übertragungen mehr zwischen Kameragehäuse und Objektiv, dem Blitzgerät oder der Datenrückwand. Wenn Sie sich eine Vorstellung von der Leistungsfähigkeit der Mikroprozessorsteuerung machen wollen, von ihrer Fähigkeit, in Sekundenbruchteilen eine Vielzahl komplizierter Rechenvorgänge zu bewältigen, müssen Sie nur

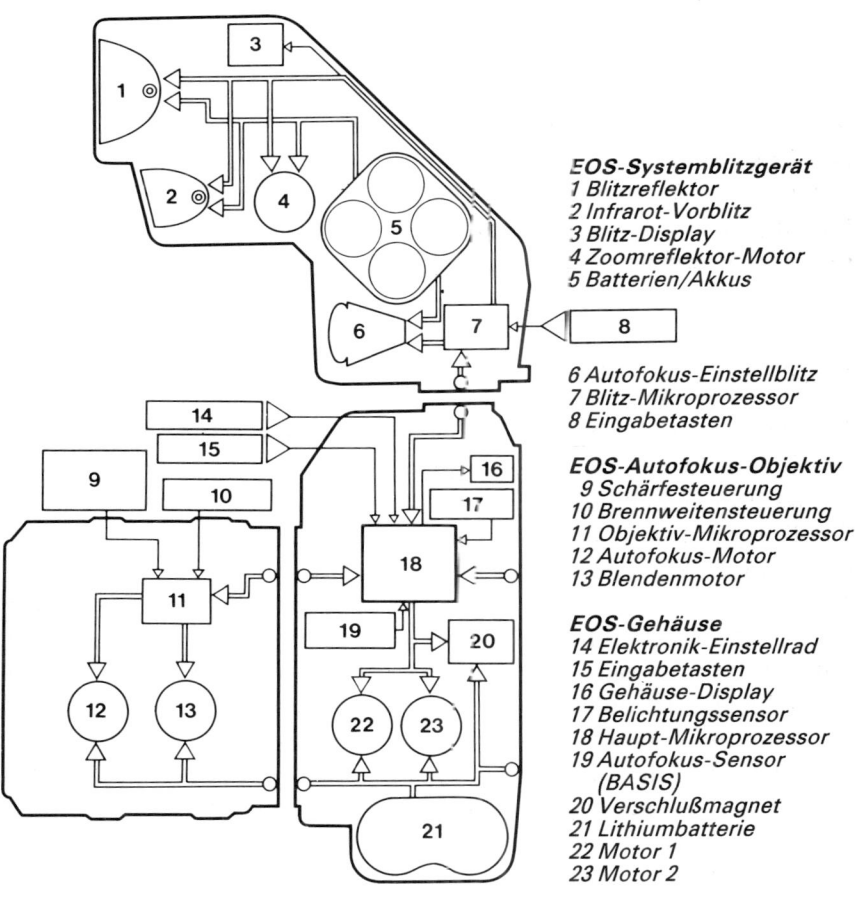

EOS-Systemblitzgerät
1 Blitzreflektor
2 Infrarot-Vorblitz
3 Blitz-Display
4 Zoomreflektor-Motor
5 Batterien/Akkus

6 Autofokus-Einstellblitz
7 Blitz-Mikroprozessor
8 Eingabetasten

EOS-Autofokus-Objektiv
9 Schärfesteuerung
10 Brennweitensteuerung
11 Objektiv-Mikroprozessor
12 Autofokus-Motor
13 Blendenmotor

EOS-Gehäuse
14 Elektronik-Einstellrad
15 Eingabetasten
16 Gehäuse-Display
17 Belichtungssensor
18 Haupt-Mikroprozessor
19 Autofokus-Sensor
*   (BASIS)*
20 Verschlußmagnet
21 Lithiumbatterie
22 Motor 1
23 Motor 2

nachvollziehen, was im Inneren der EOS bereits dann „passiert", wenn Sie sie nur einschalten oder nur den Auslöser leicht antippen – welche Vorkehrungen die EOS also ohne Ihre Hilfe für jede Belichtung trifft (das läuft natürlich nicht exakt in der geschilderten Reihenfolge ab).

Die EOS muß natürlich zunächst einmal wissen, wie Sie sie überhaupt eingeschaltet haben. Haben Sie ihren Hauptschalter beispielsweise auf die Vollautomatik-Position gestellt, muß sie alle anderen Schalter sperren. Damit weiß sie auch, daß nur Programmautomatik und Einzelbildschaltung in Frage kommen. Ob „ONE SHOT" oder manuelles Scharfstellen – das hat sie vom Objektiv-Mikroprozessor erfahren. Wenn Sie das Objektiv auf „AF" gestellt haben „ONE SHOT". Sie darf sich jetzt erst auslösen lassen, wenn sie scharfgestellt hat. Sie muß wissen, ob Sie einen DX-codierten Film eingelegt haben – die Empfindlichkeit abtasten, speichern und im Display anzeigen.

Soweit die Vorbereitungen, die sie bereits ohne Ihre Aufforderung getroffen hat. Jetzt tippen Sie den Auslöser an und signalisieren der EOS damit, daß sie sich für eine Belichtung bereitzuhalten hat. Mit ihrem Belichtungsmeßsensor erfaßt sie sofort die durch das Objektiv einfallende Lichtmenge in sechs verschiedenen Meßfeldern, digitalisiert diese Daten, speist sie in den Mikroprozessor ein, der sie sortiert und analysiert. Der Kamera-Mikroprozessor muß den Objektiv-Mikroprozessor abfragen, er muß die Lichtstärke, die Brennweite, die Zoom-Position kennen, um die Mindestverschlußzeit zu berechnen. Ist sie mit dem ermittelten Lichtwert und der Filmempfindlichkeit vereinbar? – Wenn nicht, muß die EOS Sie im Display und akustisch vor Verwacklung warnen, aber in jedem Fall eine Zeit-Blenden-Kombination bereithalten und anzeigen.

Auch der Autofokus-Meßsensor ist längst in Aktion. Er muß erst einmal feststellen, ob viel oder weniger Licht einfällt, und danach seine Meßempfindlichkeit ausrichten. Dann analysiert er die beiden Teilbilder, der Mikroprozessor errechnet aus den digitalisierten Daten die notwendige Schärfekorrektur – die Fokussierbefehle müssen an den Steuermotor im Objektiv weitergegeben werden. Die EOS muß aber auch gleichzeitig wissen, ob ein Blitzgerät aufgesteckt ist. Ob es ein Systemblitz ist, ob sie ein Autofokus-Hilfsmuster projizieren lassen soll und, und . . .

2. Die Autofokus-Technik

Das EOS-Autofokus-System mißt die Entfernung im Kameragehäuse (gehäuseintegrierte Meßelektronik), stellt die Objektive aber direkt über objektivintegrierte Motoren scharf. Im Gegensatz zu den von der Konkurrenz bevorzugten Autofokus-Systemen (die sämtliche Komponenten im Kameragehäuse haben – also einschließlich Mikromotors, der sein Drehmoment über einen Wellenantrieb auf die Objektive überträgt) verfügen im EOS-System sämtliche Objektive über einen eigenen Autofokus-Motor.

Canon hat sich damit für eine aufwendige Lösung entschieden, weil diese eine Reihe entscheidender Vorteile mit sich bringt: So kann der Motor in seinen Eigenschaften jeweils individuell auf unterschiedliche Objektivkonstruktionen abgestimmt werden (das Motordrehmoment beispielsweise exakt an die Erfordernisse des Objektiv-Schneckengangs), und so kommt die nunmehr elektronische Steuerung vom Gehäuse auf das Objektiv ohne mechanischen Übertragungsverlust und ohne Verzögerung aus. Der Autofokus spricht schneller an. Schließlich ist die elektronische Steuerung der Objektivmotoren auch Voraussetzung für den zukunftssicheren Elektronik-Bajonettanschluß der EOS.

So mißt die EOS die Entfernung

Die eigentliche (gehäuseintegrierte) Entfernungsmessung funktioniert (wie übrigens auch bei anderen Autofokus-Systemen) nach dem Prinzip der Phasendetektion (auch Phasen-Erfassungs-System). Dabei vergleicht die EOS den Abstand zweier Motiv-Teilbilder mit einem Referenzwert. Dieser Referenzwert ist letztendlich nichts anderes als der „Idealzustand" – nämlich der Abstand der beiden Motiv-Teilbilder für die richtig eingestellte Entfernung. Er muß immer identisch sein. Die EOS weiß also, wie weit die beiden Teilbilder (die Phasen können Sie sich stellvertretend als ihre markanteste Partie vorstellen) voneinander entfernt sein müssen, wenn das Objektiv scharf eingestellt ist. Wenn das Objektiv auf eine zu nahe Entfernung eingestellt ist, ist auch der Abstand zwischen den beiden Teilbildern geringer (zu geringe Phasendifferenz), ist das Objektiv dagegen auf eine zu weite Entfernung eingestellt, so liegen die beiden Teilbilder weiter auseinander (zu große Phasendifferenz).

Aus dem Abstand der Teilbilder (Phasen) erkennt die EOS also sowohl die Richtung wie auch den Umfang (Betrag) der notwendigen Schärfekorrektur. Der notwendigen Fokussierrichtung kommt dabei übrigens die weitaus größere Bedeutung zu. Der Betrag der Schärfeabweichung spielt deswegen keine entscheidende Rolle, weil die EOS keineswegs nur einmal mißt, sondern laufend den Schärfewert abfragt. Trotzdem muß sie natürlich die Phasendifferenz (den Schärfezustand) möglichst präzise erfassen. Sie benötigt dazu zwei Sensorreihen (also für jedes Teilbild eine), die die vom Motiv ausgehenden Lichtsignale in die für die Auswertung benötig-

Die Phasendetektion vergleicht den Abstand zweier Teilbilder (Phasendifferenz) mit einem Referenzwert. Die Phasendifferenz ändert sich mit der Entfernungseinstellung und entspricht dem Referenzwert, wenn das Objektiv scharf eingestellt ist

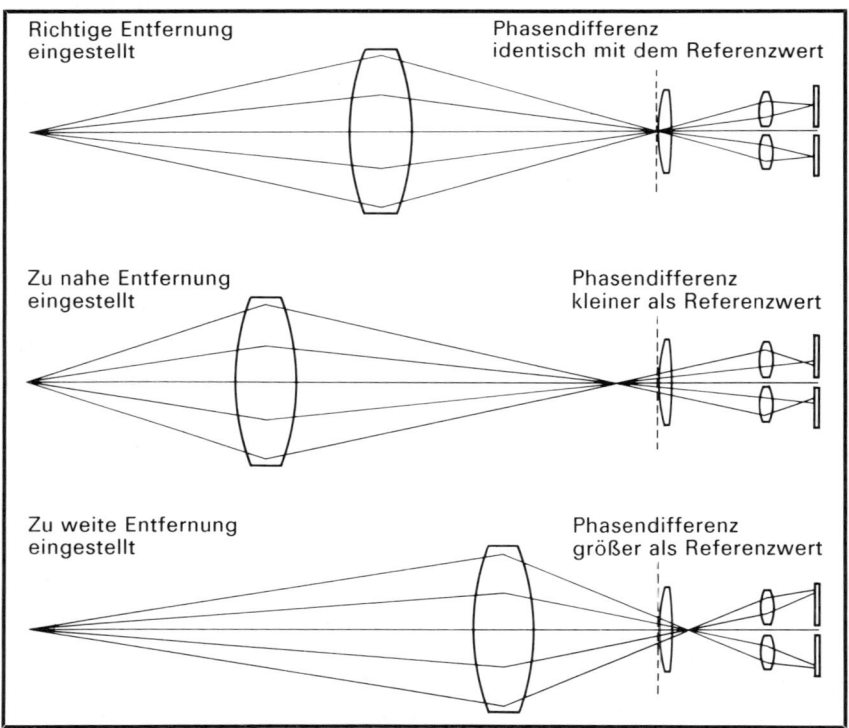

176

ten Stromsignale umwandeln. Je lichtempfindlicher diese Sensoren sind (und je genauer sie „abgelesen" werden), desto präziser kann sie vor allem bei wenig Licht und geringen Kontrasten den Schärfezustand erkennen.

Die EOS hat einen von Canon entwickelten, hochempfindlichen Zeilensensor. Dieser sogenannte „Basis"-Sensor (Kürzel für Base Stored Image Sensor) besteht aus zwei 48-Bit-Zeilensensoren mit zusätzlichen Verstärker-Schaltkreisen. Oder anschaulicher formuliert: Jedes der beiden Teilbilder kann in 48 Informationseinheiten (Bits) abgefragt werden. Bei guten Lichtverhältnissen (klaren Teilbildern) genügen der EOS allerdings jeweils 24 Informationseinheiten – vor der eigentlichen Phasenerfassung entscheidet die EOS also zunächst anhand der Lichtverhältnisse, ob sie über 24 oder 48 Bit abfragen soll.

Entscheidend ist aber letztlich, wie diese Informationen abgefragt und verstärkt werden: Während BASIS jede Informationseinheit (jedes Bit) zunächst verstärkt und dann Schritt für Schritt (aufeinanderfolgend) abfragt, werden zum Beispiel bei CCD-Sensoren (konkurrierender Autofokus-Systeme) die Informationseinheiten nacheinander durch Ladungsübertragung zum Signalausgang transportiert, dort abgefragt und anschließend erst verstärkt. BASIS kann das eigentliche Bildsignal besser vom störenden Bildrauschen trennen, arbeitet dadurch mit einem günstigeren Signal-Rausch-Verhältnis und kann so unter ungünstigen Lichtverhältnissen die Bildsignale besser erkennen. Mit dieser Funktionsbeschreibung wird aber auch deutlich, daß die EOS trotz ihres hochempfindlichen Sensors prinzipbedingt auf Mindestkontraste angewiesen ist, vornehmlich auf vertikal kontrastierende Bildelemente. Wenn diese fehlen – was natürlich grundsätzlich auch bei zuwenig Licht der Fall sein muß –, kann die Phasendetektion nicht funktionieren.

Was beim Scharfstellen alles passiert

Der Gesamtablauf der automatischen Scharfeinstellung sieht damit folgendermaßen aus: Der Rückschwingspiegel der EOS ist im Zentrum – genau dort, wo Sie auf der Einstellscheibe das Autofokus-Meßfeld sehen – teildurchlässig. An dieser Stelle läßt er also einen Teil des Lichtes durch, das über einen Strahlenteiler aufgesplittet und auf die beiden Sensorreihen gelenkt wird. Diese wandeln die auftreffenden Lichtinformationen in analoge Strominformationen um, die (über einen Analog-Digital-Konverter) digitalisiert dem Mikroprozessor zur Analyse der Schärfen- und Richtungsabweichung zufließen. Dieser errechnet daraus sofort die zur Fokussierung notwendigen Motorumdrehungen, teilt sie digital dem objektivintegrierten Motor mit, und der fährt das Objektiv sofort in die Schärfeposition.

Tatsächlich sind die Berechnungen, die der Mikroprozessor dabei in Sekundenbruchteilen anstellt, noch weitaus komplizierter. Sämtliche aktuellen Objektivdaten bis hin zur Blendeneinstellung werden zum Beispiel berücksichtigt, was – auch wiederum nur ein Beispiel – zur Folge hat, daß es sich die EOS leisten kann, die Einstellgenauigkeit (wenn auch in geringen Grenzen) mit der durch die Blendeneinstellung, die Brennweite und Aufnahmeentfernung vorgegebenen Schärfentiefe zu variieren. Sie strebt also bei reichlich Schärfentiefe keine „überperfekte" Einstellgenauigkeit an, was wiederum der Einstellgeschwindigkeit zugute kommt.

Die Vorteile des Ultraschallmotors

Für die Scharfeinstellung setzt Canon in den EOS-Objektiven zwei völlig unterschiedliche Motortypen ein. Der „AFD"-Steuermotor (für „Arc Form Drive", also bogenförmig) ist vom Funktionsprinzip her ein konventioneller Elektromotor mit zwei Magnetspulen und einem Rotor (wenn Strom durch die Spulen fließt, baut sich ein Magnetfeld auf, das den Rotor dreht). Neu ist die bogenförmige Anordnung der Motorelemente, durch die ihn Canon gut an die objektivspezifischen Anforderungen angepaßt hat – die AFD-Motoren fügen sich so platzsparend in den Objektivtubus ein. Die Antriebsenergie des Rotors wird beim AFD-Motor über ein mehrfach übersetztes Getriebe auf eine Steuerscheibe übertragen, die die Linsen entlang der optischen Achse in die errechnete Schärfeposition fährt. Dieser gesamte Übersetzungsmechanismus ist jeweils individuell unterschiedlichen Objektivtypen angepaßt.

Dennoch kann der AFD-Motor letztlich nur eine Übergangslösung sein. Spätestens bis 1989 will Canon sämtliche EOS-Objektive mit dem „USM"-Steuermotor (für „Ultra Sonic Motor", also Ultraschallmotor) ausstatten. Der USM-Motor ist ein völlig neuer Ringmotor, der durch seinen genial einfachen Aufbau für den Einsatz in Objektiven geradezu prädestiniert ist. Der Ultraschallmotor macht sich den sogenannten Piezoeffekt zunutze. Dieser piezoelektrische Effekt basiert auf Keramikmaterialien und deren vielseitigen Eigenschaften, sowohl mechanischen Druck mit elektrischer Ladung zu beantworten wie auch umgekehrt auf elektrische Spannung mechanisch zu reagieren. Letzteres nutzt der Ultraschallmotor, der – um das nochmals ausdrücklich zu betonen – mit konventionellen Elektromotoren nichts mehr gemein hat.

Der Ultraschallmotor kommt mit extrem wenig Bauteilen aus. Er hat einen (unbeweglichen) Statorring, in den die Keramikelemente eingeklebt sind. Sobald Wechselstrom angelegt wird, verändern diese Keramikelemente ihre Gestalt: Je nach Polarität der angelegten Spannung dehnen sie sich aus, oder sie ziehen sich zusammen. Der Stator wird dadurch erschüttert, er fängt an zu vibrieren. Diese Vibration wird zu einer (Ultraschall-)Wellenbewegung, die wiederum den Rotor (den sich drehenden Teil des Ringmotors, der auf dem Stator aufliegt) „anschiebt" und so in Drehbewegung versetzt. Der sich drehende Rotor setzt wiederum (im Gegensatz zum AFD-Motor allerdings direkt und ohne aufwendige Übersetzung) die Steuerscheibe in Gang, die die Linsen fokussiert.

Die Bezeichnung Ultraschallmotor geht übrigens auf das (sicherlich nicht im Vordergrund stehende) Argument zurück, daß sich die (durchaus vorhandenen) Antriebsgeräusche mit über 20 Kilohertz im Ultraschallbereich bewegen und deshalb lediglich vom menschlichen Ohr nicht mehr wahrgenommen werden. Tierfotografen können übrigens beruhigt aufatmen: Canon-Versuche in Japan haben ergeben, daß sich auch die (für den Ultraschallbereich empfindlicheren) Tiere durch das „Antriebsgeräusch" nicht irritieren lassen.

Die Vorteile dieses (übrigens nicht von Canon selbst, sondern von Matsushita entwickelten) USM-Motors sind bestechend: Er kann elektrische (Fokussier-)Befehle wesentlich direkter, effizienter und schneller in mechanische (Linsen-)Bewegungen umsetzen als der herkömmliche Elektromotor mit seinen vergleichsweise großen und (strom-)verbrauchsintensiven Magnetspulen. Der Ultraschallmotor entwickelt zudem bereits bei verhältnismäßig geringer Drehzahl ein hohes Drehmoment und kann deshalb ohne Zwischenübersetzung direkt antreiben. Er setzt praktisch verzögerungsfrei ein, sobald Spannung angelegt wird, und er muß nicht abgebremst werden. Er ist klein, leicht, läuft verschleiß- und (zumindest für das menschliche Ohr) praktisch geräuschlos. Ein idealer Autofokus-Antrieb also, dem übrigens auch darüber hinaus (zur Blenden- und Verschlußsteuerung zum Beispiel, aber auch, um Floating Elements – also Linsen, die mit der Entfernungseinstellung verschoben werden, um so über den gesamten Einstellbereich optimale Abbildungseigenschaften zu gewährleisten – zu bewegen) schon jetzt eine große Zukunft prophezeit werden kann.

Einziger (vorläufiger) Nachteil des Ultraschallmotors: Die Fertigung in großen Stückzahlen (die den Preis einmal deutlich unter das Niveau der konventionellen Elektromotoren treiben soll) ist bei Matsushita noch nicht angelaufen (Stand: Mitte 1987), der USM-Motor ist damit noch verhältnismäßig teuer. Canon hat ihn deshalb zunächst drei Spitzenobjektiven reserviert: dem 1/50 mm, dem 2,8–4/28–80 mm und dem 2,8/300 mm. Die übrigen EOS-Objektive werden (zumindest vorläufig) von AFD-Motoren fokussiert – wobei Sie allerdings nicht vergessen dürfen, daß die EOS auch mit der AFD-Technik den Konkurrenzsystemen mit gehäuseintegriertem Autofokus-Motor voraus ist.

3. Die Belichtungstechnik

Mehrfeldmessung zum richtigen Zeitpunkt

Die Mehrfeld-Belichtungsmessung der EOS setzt an der entscheidenden Schwachstelle der (von fast allen anderen Spiegelreflexkameras vertretenen) Integralmessung an. Die Integralmessung ermittelt ja lediglich einen Durchschnittswert aller im Meßbereich vertretenen Helligkeitswerte. Sie setzt damit voraus, daß sich die Motivhelligkeit zwischen den Extremen Schwarz und Weiß gleichmäßig verteilt. Sie unterstellt damit aber vor allem, daß dieser Durchschnittswert der Helligkeit des Hauptmotivs (die meßtechnisch im Mittelpunkt steht) gerecht wird. Daß diese Voraussetzungen nicht immer erfüllt sind, wurde schon unter „Belichtung messen" ausführlich geschildert. Die Integralmessung ist keines-

So erkennt die Mehrfeldmessung das Hauptmotiv

Beispiele, wie die Mehrfeldmessung Lichtsituationen beurteilt
und so Rückschlüsse über die Größe und Helligkeit des Hauptmotivs gewinnt.

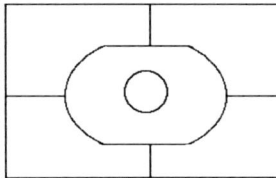	Die Mehrfeldmessung unterscheidet drei Haupt-Meßfelder – ein zentrales, einen mittleren Gürtel und die Randzonen. Letztere unterteilt sie wiederum in vier gleichgroße Felder.
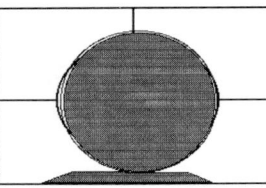	Das zentrale Meßfeld und der mittlere Gürtel sind gleich hell, aber dunkler als die Umgebung: Das Hauptmotiv muß also ziemlich groß sein und entweder zugleich sehr dunkel oder im Gegenlicht.
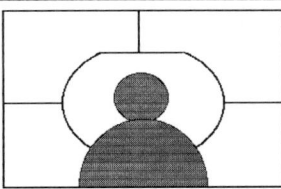	Nur das zentrale Meßfeld ist dunkler als die Umgebung: Das Hauptmotiv ist also relativ klein und wiederum sehr dunkel oder im Gegenlicht.
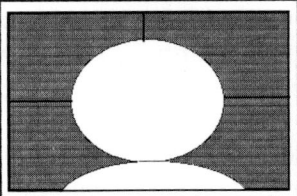	Das zentrale Meßfeld und der mittlere Gürtel unterscheiden sich nicht, sind aber deutlich heller als die Umgebung: Das Hauptmotiv muß wiederum ziemlich groß sein, entweder zugleich sehr hell oder sich in sehr dunkler Umgebung befinden.
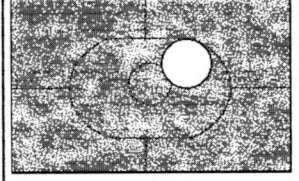	Nur im mittlleren Gürtel ist eine deutlich hellere Zone – die Mehrfeldmessung schließt darn auf ein großes Hauptmotiv und hohen Motivkontrast.

wegs – um dieser Fehleinschätzung nochmals ausdrücklich entgegenzutreten – nur bei Gegenlichtsituationen überfordert, sondern immer dann, wenn die Helligkeit des Hauptmotivs vom Durchschnittswert abweicht.

Fast alle Integralmessungen versuchen deshalb, durch eine mehr oder weniger ausgeprägte Mittenbetonung (also Konzentration auf das Hauptmotiv – wiederum stillschweigend vorausgesetzt, Hauptmotiv und Bildmitte stimmen überein) diese Schwäche zu überspielen. Mit zunehmender (und eng begrenzter) Mittenbetonung spricht man von selektiver Meßcharakteristik, im Extremfall von einer Spotmessung. Je selektiver die Meßcharakteristik, desto exakter kann die Messung auf das Hauptmotiv reduziert werden. Gleichzeitig nehmen aber auch die Anforderungen an eine präzise Meßfeldausrichtung zu, der Meßkomfort damit gleichzeitig ab. Dies gilt selbstverständlich auch für die Selektivmessung der EOS, deren Meßempfindlichkeit auf einen kleinen, zentralen Kreis beschränkt wurde, der nur 6,5 Prozent der gesamten Bildfläche ausmacht.

Der Mehrfeldmessung liegt die Überlegung zugrunde, den Komfort (der Integralmessung) mit der Sicherheit (der Selektivmessung) zu verbinden. Die Anforderungen an ein Meßsystem, das diesem Anspruch gerecht werden soll, lassen sich letztlich auf einen Punkt konzentrieren: Es muß automatisch über das Hauptmotiv Bescheid wissen – über seine Größe, aber auch seine Position. Beide Informationen sichert sich die Mehrfeldmessung der EOS: Sie analysiert das Bildfeld in mehreren Zonen und kann daraus zuverlässige Rückschlüsse auf die Größe des Hauptmotivs ziehen – sofern sich das Hauptmotiv zum Meßzeitpunkt auch tatsächlich in der Bildmitte befindet.

Und da sichert sich die EOS durch einen einfachen Trick ab: Sie mißt die Belichtung unmittelbar mit der Entfernung. Denn im Moment der Scharfeinstellung, darf sie voraussetzen, muß das Hauptmotiv zwangsläufig in der Bildmitte liegen, weil es nur so mit dem (in der Suchermitte gelegenen) Autofokus-Meßfeld angepeilt werden kann. Entscheidend neu an der EOS-Mehrfeldmessung (im Vergleich zu den Mehrfeldmessungen anderer Hersteller) ist letztlich dieser Meßzeitpunkt – denn die beste Analyse der Lichtsituation ist vergebens, wenn sie die Position des Hauptmotivs falsch einschätzt. Aus dieser Beschreibung folgt gleichzeitig eine Einschränkung für die EOS-Mehrfeldmessung: Sie kann nur so lange funktionieren, wie auch auf das Hauptmotiv scharfgestellt wird.

Damit aber zur Bildanalyse der Mehrfeld-Belichtungsmessung. Der Meßsensor der EOS ist in insgesamt sechs Felder und drei Hauptbereiche aufgeteilt: in einen Zentralkreis (der etwa dem Selektivmeßfeld entspricht und Aufschluß über die Helligkeit des Hauptmotivs gibt), einen gürtelförmigen Kreis um dieses Zentrum (der Aufschluß über die Ausdehnung des Hauptmotivs gibt) sowie eine Restfläche (die Aufschluß über die Hintergrundhelligkeit gibt). Diese Restfläche ist wiederum in vier gleich große Zonen unterteilt (die so eine noch genauere Einschätzung der Lichtsituation erlauben). In jedem dieser Felder mißt die EOS die Belichtung, analysiert sie die Meßwerte wie deren Verteilung und zieht so Rückschlüsse auf die Lichtsituation (normal, Gegenlicht, dunkler Hintergrund, helles oder dunkles Hauptmotiv usw.). Die Meßwerte der sechs Felder werden nicht gleichwertig berücksichtigt, sondern mit Schwerpunkt auf den drei Hauptbereichen.

Wenn sich zum Beispiel die zentrale und mittlere Meßzone nicht unterscheiden, aber wesentlich dunkler sind als die Außenzonen, kann die Meßfeldmessung zuverlässig auf ein ausgedehntes Hauptmotiv schließen, das entweder selbst sehr dunkel ist oder im Gegenlicht liegt. Fällt dagegen nur der zentrale Meßkreis dunkel aus und die übrigen Meßzonen stimmen überein, kann die Mehrfeldmessung auf ein kleines Hauptmotiv schließen, das entweder sehr dunkel ist oder aber wiederum im Gegenlicht liegt. Die Mehrfeldmessung kann so sowohl die Größe des Hauptmotivs wie auch den Kontrast zur Umgebung zuverlässig beurteilen und eine am Hauptmotiv orientierte Belichtungsentscheidung treffen. Bei gleichförmig hoher Lichtverteilung (die EOS unterstellt in diesem Fall eine Gegenlichtsituation) belichtet sie zusätzlich pauschal etwas reichlicher (ab EV 14,5 gibt sie einen halben Lichtwert zu).

Programmautomatik mit variablem Programmverlauf

Die Programmautomatik steuert automatisch eine bestimmte Zeit-Blenden-Kombination ein, wobei sie sich nach bestimmten Programmvorgaben richtet.
Nach welchen Kriterien ist aber der Programmverlauf der EOS ausgerichtet? Für die EOS stehen die Verwacklungsgefahr und damit eine Mindestverschlußzeit im Vordergrund – je länger die Brennweite, desto kürzer muß diese Verschlußzeit sein. Die EOS stimmt

Brennweitenabhängige Mindest-Verschlußzeiten im Programmbetrieb

EOS-EF-Objektiv	Mindest-Verschlußzeiten (1/1000s)										
	15	20	30	45	60	90	125	180	250	500	1000
2,8/15 mm FE	■										→
2,8/28 mm		■									→
1,8/50 mm				■							→
1,0/50 mm L											→
2,8/135 mm SF							■				→
2,8/300 mm L									■		→
3,5-4,5/35-70			■	▨	▨						→
3,5-4,5/35-105				■	▨	▨					→
3,5-4,5/28-70		■	▨	▨	▨						→
2,8-4/28-80 L			■	▨	▨						→
4/70-210					■	▨	▨	▨			→
5,6/100-300							■	▨	▨	▨	→
5,6/100-300 L							■	▨	▨	▨	→
300 L(Ext. 2x)										■	→

Anmerkung: Die "intelligente" Programmautomatik versucht stets, verwacklungssichere Mindest-Verschlußzeiten einzuhalten, die sie auch während des Zoomens der Brennweite anpaßt. Kann die EOS bei schlechten Lichtverhältnissen die angegeben Verschlußzeiten selbst bei voller Blendenöffnung nicht einhalten, so signalisiert sie Verwacklungsgefahr. Die unterschiedlich schraffierten Felder bei Zoomobjektiven kennzeichnen die mit der Brennweiten-Position variierende Mindest-Verschlußzeit.

den Programmverlauf also zunächst einmal auf die Brennweite ab (wobei sie sich grob an der erwähnten Faustregel orientiert, nach der die Mindestverschlußzeit dem Kehrwert der Brennweite entsprechen sollte). Ausgehend von schlechten Lichtverhältnissen (also niedrigen Lichtwerten), läßt sie das Objektiv grundsätzlich so lange voll aufgeblendet, bis sie diese Mindestverschlußzeit erreicht hat. Erst dann fängt sie an abzublenden und dabei die Verschlußzeit gleichmäßig mitzuverkürzen. Der Programmverlauf ist also von der Lichtstärke des Objektivs (damit aber auch von der Filmempfind-

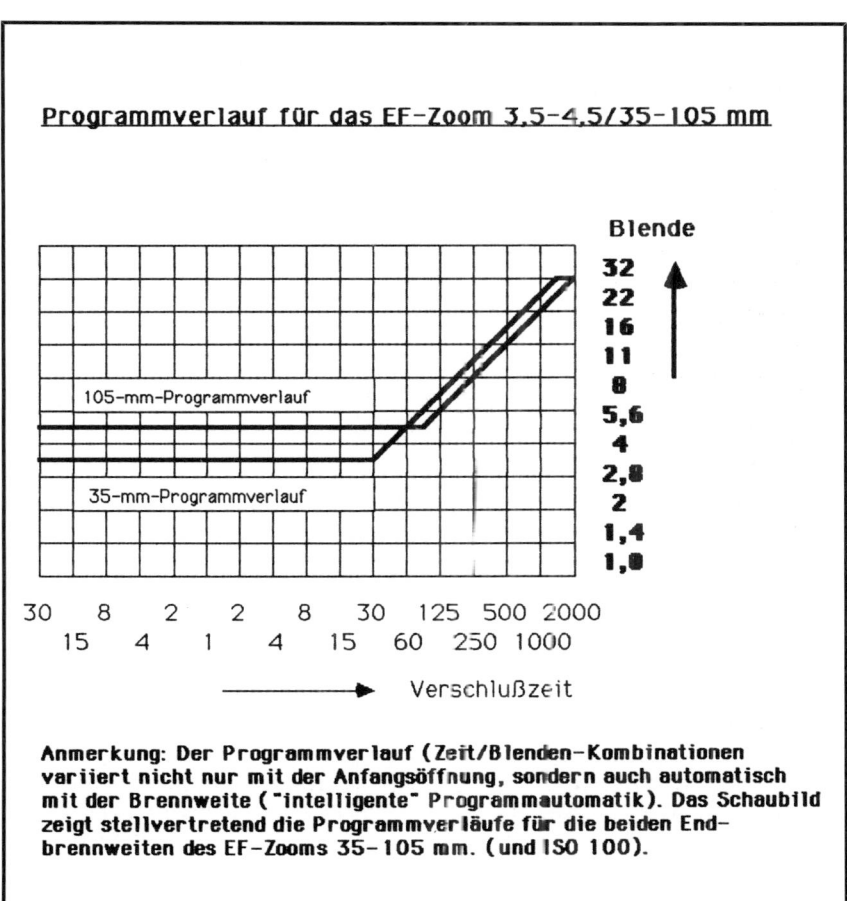

Programmverlauf für das EF-Zoom 3,5-4,5/35-105 mm

Blende
32
22
16
11
8
5,6
4
2,8
2
1,4
1,8

105-mm-Programmverlauf

35-mm-Programmverlauf

30 8 2 2 8 30 125 500 2000
15 4 1 4 15 60 250 1000

→ Verschlußzeit

Anmerkung: Der Programmverlauf (Zeit/Blenden-Kombinationen) variiert nicht nur mit der Anfangsöffnung, sondern auch automatisch mit der Brennweite ("intelligente" Programmautomatik). Das Schaubild zeigt stellvertretend die Programmverläufe für die beiden Endbrennweiten des EF-Zooms 35-105 mm. (und ISO 100).

lichkeit) und von der Objektivbrennweite abhängig. Bei Zoomobjektiven korrigiert die EOS auch während des Zoomens automatisch den Programmverlauf. Canon spricht deshalb auch von einer „intelligenten" Programmautomatik.

Schärfentiefeautomatik „Depth"

„Depth" ist ein völlig neues und einzigartiges Belichtungsprogramm, das auf der Autofokus-Technik basiert und auch die Entfernungseinstellung automatisch mitübernimmt. „Depth" (für Tiefe) kann frei mit Schärfentiefeautomatik übersetzt werden – die auf ebenso effektive wie verblüffend einfache Weise einen gewünschten Schärfentiefebereich über den dafür notwendigen Entfernungs- und Blendenwert automatisch steuert.
Im Grunde ist es auch gar nicht schwer nachzuvollziehen, was „Depth" leistet: Nachdem Sie der EOS die Bereichsgrenzen des gewünschten Schärfenbereichs mitgeteilt haben, kümmert sie sich zunächst um die Entfernungseinstellung. Sie weiß, daß sich der

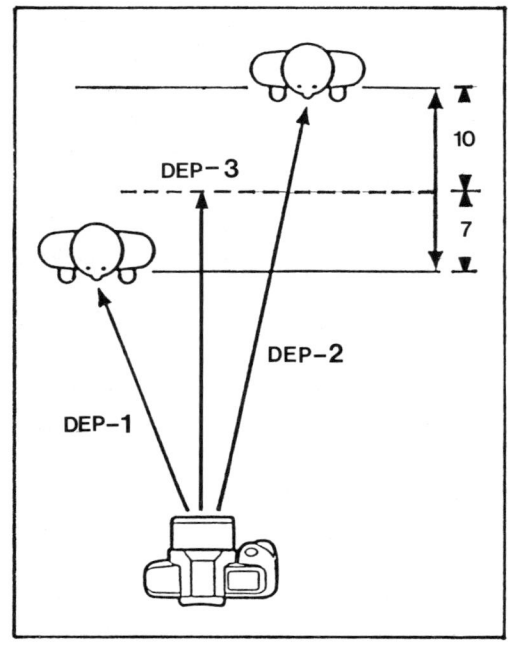

Nach Eingabe der beiden Entfernungswerte („dEP-1" und „dEP-2") plaziert der Autofokus die Einstellentfernung automatisch im Verhältnis 7:10 zwischen den beiden Werten

Schärfentiefebereich nicht gleichmäßig vor und hinter der Einstellebene erstreckt, sondern schwerpunktmäßig (nämlich im Verhältnis
10:7) nach hinten. Sie muß, um die Schärfentiefe möglichst effektiv
zu nutzen, die Entfernung im Verhältnis 7:10 zwischen den beiden
Bereichsgrenzen plazieren (also näher an der vorderen Grenze). Damit steht die Entfernung schon einmal fest. Zu dieser Entfernung ermittelt sie die für die gewünschte Schärfentiefe notwendige Blende, zu der sie schließlich (und das ist letztlich nur mehr Formsache)
auch die passende Verschlußzeit automatisch einsteuert. Belich-
tungsmäßig arbeitet „Depth" also wie eine Zeitautomatik.

Die A-TTL-Blitztechnik

Die EOS mißt die Blitzbelichtung durch das Objektiv, wobei eine
(unten im Spiegelkasten sitzende) Meßzelle den zunächst vom
Motiv, dann aber auch von der Filmoberfläche reflektierten Blitz-
lichtanteil direkt während der Belichtung registriert. So kann die
EOS die für eine korrekte Belichtung notwendige Blitzlichtmenge
über die Leuchtdauer regeln. Diese TTL-Messung (oder auch
Blitzinnenmessung) gibt aber nur die Basis für die in einigen
wesentlichen Punkten verfeinerte Blitztechnik der EOS ab. Deshalb
auch das Kürzel „A-TTL" für „Advanced", also weiterentwickelt.
Neben überzeugenden Vorteilen hat die TTL-Blitzmessung aber
auch Nachteile. So erlaubt sie – weil sie ja erst während der tatsächlichen Belichtung aktiv werden kann – vorab keine Aussage über
den voraussichtlichen Blitzbereich. Die A-TTL-Blitztechnik beinhaltet deshalb zunächst einen (rot gefilterten) Vorblitz, der die EOS
über die Motiventfernung informiert. Da sie auch alle anderen die
Leitzahl und damit Reichweite beeinflussenden Faktoren kennt
(Filmempfindlichkeit, Leuchtwinkel), kann sie nunmehr auf der Basis des aktuellen Blendenwertes eine Reichweitenprognose abge-
ben und vor einem Überschreiten des zulässigen Blitzbereiches
warnen. Bei der Blitzzeit- und -blendenautomatik dient der Vorblitz
allein diesem Zweck. Bei hochgeschwenktem Reflektor wird er
übrigens durch einen echten Vorblitz (des Reflektors mit fünf
Prozent der vollen Blitzleistung) ersetzt.
Aber erst in der Blitz-Programmautomatik stellt die A-TTL-Blitztechnik ihr ganzes Leistungsvermögen unter Beweis. Die EOS muß

dann automatisch Blitzblende wie Synchronzeit einsteuern – wofür sie zwei unterschiedliche Programme nutzt, deren Einstell-Vorschläge sie vergleicht und gegeneinander abwägt. Über den Vorblitz läuft zunächst ein streng entfernungsabhängiges Programm ab, über das sie den zur Blitzleistung passenden Blendenwert errechnet (letztlich nach der Formel Leitzahl dividiert durch Entfernung). Dieser Blendenwert muß aber noch nicht der Blitzblende entsprechen – die EOS läßt sich da vorläufig einen Spielraum von drei Blendenstufen.

Jetzt läuft nämlich erst einmal das zweite Programm ab, bei dem die EOS $\frac{1}{60}$ Sekunde als Verschlußzeit vorgibt und dazu den Blendenwert errechnet, den das vorhandene Dauerlicht erfordern würde. Es stehen also nunmehr zwei Blendenwerte zur Diskussion – bei guten Lichtverhältnissen (die EOS unterstellt dann Blitzaufhelltechnik) tendiert sie zum Blendenwert der Dauerlichtmessung, bei schlechten Lichtverhältnissen dagegen zum über den Vorblitz entfernungsabhängig ermittelten Blendenwert – passend dazu variiert sie die Synchronzeit zwischen $\frac{1}{60}$ und $\frac{1}{125}$ Sekunde.

Ab Lichtwert 10 (der Dauerlichtmessung) reduziert die EOS zudem automatisch das Blitzlicht etwas – zwischen den Lichtwerten 10 und 13 kontinuierlich um bis zu 1,5 Lichtwerte, um anschließend diese bewußte Blitzunterbelichtung beizubehalten. Sie sorgt so automatisch für ein ausgewogeneres Verhältnis zwischen Blitz- und Dauerlicht, um so den Gegenlichtcharakter der Aufnahme nicht zu zerstören.

Sachregister